Video production using generative AI

生成AIではじめる
動画制作入門

Norihiko 著

本書のサポートサイト

本書のサンプルデータ、補足情報、訂正情報などを掲載しております。適宜ご参照ください。

https://book.mynavi.jp/supportsite/detail/9784839988432.html

● 本書は2025年3月段階での情報に基づいて執筆されています。本書に登場する製品やソフトウェア、サービスのバージョン、画面、機能、URL、製品のスペックなどの情報は、すべて原稿執筆時点でのものです。執筆以降に変更されている可能性がありますので、ご了承ください。

● 本書に記載された内容は、情報の提供のみを目的としております。本書を用いての運用はすべてお客様自身の責任と判断において行ってください。

● 本書の制作にあたっては正確な記述につとめましたが、著者や出版社のいずれも、本書の内容に関してなんらかの保証をするものではなく、内容に関するいかなる運用結果についてもいっさいの責任を負いません。あらかじめご了承ください。

● 本書中の会社名や商品名は、該当する各社の商標または登録商標です。本書中では™および®マークは省略させていただいております。

はじめに

　みなさんは、動画を作ってみたいと思ったことはありますか？

　チャレンジしてみようと思ったけど「動画を作るには高いカメラが必要」「プロじゃないと難しい」と思って、諦めてしまったことがあるかもしれません。
　たしかに、高価なカメラや特別な編集ソフトを使うイメージがあると、「自分には無理」と感じてしまいますよね。

　しかし、今はAI（人工知能）の力を借りれば、簡単に動画を作れるようになりました。パソコンやスマートフォンがあれば、プロが作ったような動画を自分で作ることができます。
　難しい技術がなくても、ちょっとしたアイデアや「こんな動画を作りたい！」という気持ちがあれば、生成AIがサポートしてくれます。

　僕は普段、映像制作の仕事をしており、映像の企画から撮影、編集まで、一つひとつ丁寧に作り上げるこの仕事には大きなやりがいを感じています。
　しかし同時に、完成度の高い作品を生み出すためには時間も労力も必要で、特に初心者が最初の一歩を踏み出すには、少しハードルが高いと感じることもあります。

　そんな僕が初めて動画生成AIに触れたのは、何気なく撮った近所の風景写真を動かしてみたときのことです。その写真を生成AIに取り込むと、まるで風がそよぎ、空気が流れるように動画として動き出しました。
　その瞬間、僕は思わず「こんな簡単に！？」と驚きました。

　同時に、「これなら誰でも生成AIを使って動画が作れ、もっと多くの人が動画を楽しめる！」とワクワクしました。
　動画作りに興味はあるけど難しそう…と思っている方にとって、生成AIはとても頼りになる強い味方です。

　でも生成AIって知識がないと、難しそうと感じますよね。
　僕自身も、生成AIを使い始めてからは、試行錯誤の連続でした。でも生成AIと出会い、その可能性を知るたびに、どんどん新しい世界が広がっていきました。「もっと早く知っていればよかった！」と思うような便利なツールやアイデアがたくさんあります。

　この本では、生成AIを活用するための基本的な知識から、実際に動画を作るステップ、そしてちょっとしたコツまで、丁寧にご紹介します。専門用語や難しい操作はできるだけ避け、親しみやすい内容を心がけましたので、肩の力を抜いて読み進めてくださいね。

　動画制作は、あなたの想いを形にして届ける、とても素敵な表現方法です。生成AIを使えば、これまで夢のように思えたアイデアも現実にすることができます。
　この本が、あなたの最初の一歩を後押しし、新しい世界への扉を開くお手伝いになれば嬉しいです。

2025年4月
Norihiko

Contents

はじめに ………………………………………………………………… 003

Introduction そもそも生成AI とは？ ……………………………… 010

Part 1 基本編 シンプルな動画を作成する

Chapter 1 生成AIを使った基本の動画制作プロセス ……………… 011

01 動画生成AIとは？ ………………………………………………… 012

主な動画生成の種類 …………………………………………………… 012

02 短い動画を生成してみよう ……………………………………… 013

Text to Videoで生成してみよう ……………………………………… 013

Image to Videoで生成してみよう …………………………………… 016

Video to Videoで生成してみよう …………………………………… 019

03 ハイクオリティーな動画の生成方法 ……………………………… 022

Chapter 2 画像生成AIを使ったビジュアル素材の作成 ………… 025

01 Midjourneyによる画像素材の作成 ………………………………… 026

特徴 ……………………………………………………………………… 026

Midjourneyの料金プラン ……………………………………………… 027

Webブラウザ版の使用方法 …………………………………………… 027

画像の生成方法 ………………………………………………………… 031

生成画像の調整 ………………………………………………………… 032

	画像生成のプロンプトのコツ	038
	生成する画像の調節方法	042
02	Adobe Fireflyによる画像補正	046
	Adobe Fireflyとは？	046
	商用利用の安全性	047
	Adobe Fireflyの料金プラン	048
	Adobe Fireflyの登録方法	048
	Adobe Fireflyの使用方法	049
03	画像のアップスケール：Magnific AI	057
	Magnific AIの特徴	057
	Magnific AIの登録方法	058
	画像をアップスケールする方法	059

Chapter 3　動画を生成しよう：Runway編　067

01	Runwayことはじめ	068
	Runwayの主な特徴	068
	Runwayの登録方法	069
	Runwayのトップページの見方	073
02	Runway動画生成の基本	076
	動画作成のはじめ方	076
	各モードと消費クレジット	077
	生成画面	077
03	Text to Video	079
	基本操作	079
	プロンプトガイド	081
	Camera Stylesガイド	083
04	Image to Video	086
	基本操作	086
	キーフレームの設定	087
	Image to Videoでのテキストプロンプトの活用方法	089
	カメラコントロール	089

Contents

カメラコントロールとテキストプロンプトの合わせ技 092

05 　生成した動画を更に拡張できる便利機能 095

コラム　生成AI時代のクリエイターガイドライン：
安全で安心な創作を目指して 097

Chapter 4　動画を生成しよう：Sora編　099

01 　Soraことはじめ 100

「Sora」の主な機能と特徴 100

Soraの登録方法 102

Soraの操作ガイド：各セクションの機能と活用法 104

プロンプト入力欄 106

Soraの設定画面 108

02 　動画の生成方法の基本 111

テキストから動画を生成 111

プロンプトのコツ 111

カメラワークをプロンプトで指示する 112

03 　ストーリーボード 114

ストーリーボードの使い方 114

ストーリーボードを作成してみよう 115

04 　生成動画を拡張する 119

Re-cut機能 119

Remix機能 120

Blend機能 122

Loop機能 123

05 　Image to Video 124

画像のアップロード 124

動画の生成 127

Image to Videoの上手な使用方法 127

コラム　AIを使ったCM制作 128

Part 2 応用編 本格的な動画を作成する

Chapter 5　AIでCM動画を作ろう　131

01	CM動画制作の基本ステップ	132
02	Step.1　CMの企画作成	133
	企画段階で決める3つのこと	133
	ストーリーボード	135
	動画の構成を考える	136
	動画構成で使えるフレームワーク	138
03	Step.2　素材の作成（生成）	139
	素材の作成手順	139
	①画像生成	140
	②画像補正と修正	148
04	Step.3　動画生成	160
	シーン1の作成	160
	シーン2の作成	162
	シーン3の作成	164
	シーン4の作成	166
	シーン5の作成	167
	シーン6の作成	169
	シーン7の作成	170
	シーン8の作成	172

Chapter 6　動画用の曲を作ろう：Suno AI　175

01	Suno AIとは？	176
	Suno AIの特徴	176
	Suno AIの活用例	177
	商用利用について	178
02	Suno AIの登録方法とホーム画面	179
	登録方法	179

Contents

	ホーム画面	182
03	オリジナル楽曲を作成しよう	184
	基本の生成方法	184
	イメージに近い楽曲を生成するコツ	186
	生成した楽曲のダウンロード	186
	楽曲の共有	187
04	オリジナル歌詞を入れた楽曲を作ってみよう	188

Chapter 7 動画を仕上げよう：Adobe Premiere Proで統合・編集する 191

01	動画編集の基本	192
	動画編集の基本の技術	192
	動画編集の流れ	193
02	Adobe Premiere Proによる動画編集の基本フロー	194
	Adobe Premiere Proとは？	194
	Adobe Premiere Proによる動画編集の基本の流れ	196
03	Step1. プロジェクトの作成	197
	新規プロジェクトを作成する	197
	ワークスペースの役割を把握しよう	198
04	Step2. 素材の読み込み	199
05	Step3. 動画を編集する	203
	編集をはじめる前に：操作画面の把握	203
	カット編集	204
	動画にテロップを入れる	206
	動画にBGMや効果音を入れる	208
06	Step4. 動画データとして書き出す	210
コラム	多彩なAI機能で制作を効率化	214

Contents

Chapter 8 ショートアニメ作りにチャレンジ：
ストーリー作りのコツ　**205**

01　ストーリーの骨格を考える ………………………………… 216
　　ストーリーの骨格制作の具体例 ………………………… 217
02　動画制作の流れ ………………………………………… 221

Appendix 注目の機能とAIサービス　**225**

01　Runway / Frames ……………………………………… 226
　　「Frames」とは ………………………………………… 226
　　Freamesの基本的な操作方法 ………………………… 227
　　生成画像に対する操作（Use / Vary）………………… 236
　　生成結果の再調整 ……………………………………… 237
　　生成プロセスの表示とエラー対応 …………………… 239
02　様々な動画生成AI ……………………………………… 241
　　KLING ……………………………………………………… 241
　　Luma DreamMachine …………………………………… 243
　　Pika ……………………………………………………… 245
03　動画生成AIの活用例：多彩な映像コンテンツの新時代へ … 247
　　AI動画活用①
　　プレゼンテーション動画制作：HeyGen × Gamma …… 247
　　AI動画活用②
　　AIミュージックビデオ制作：Suno × Runway ………… 250
　　AI動画活用③
　　アバター付き解説動画：NoLang × VRoid Studio ……… 252
　　おさえておきたい動画生成AI11選 …………………… 255

Index ……………………………………………………………… 257
カバー掲載画像　関連動画一覧 ……………………………… 260
著者について …………………………………………………… 262

Introduction そもそも生成AIとは？

　生成AIは、テキストや画像、動画、音声など様々なコンテンツの生成に特化したAIです。
　映像制作の分野においても、生成AIは様々な形で利用されはじめています。代表的な生成AIの種類には、たとえば次のようなものがあります。

▶ テキスト生成AI

- 入力されたテキストをもとに、新しくテキストを生成してくれる（ブログ記事の作成・広告文の作成・Web記事の要約・海外サイトの翻訳など）。
- 映像制作において、企画書のたたき作り、物語の構成やシナリオの作成に利用できる。

▶ 画像生成AI

- テキストを入力すると、入力内容に従って画像を生成してくれる（イラストの作成・架空の写真の作成・写真の加工・広告デザイン・アート作成など）。
- 映像制作において、絵コンテの描画、サンプルイメージ、独自のキャラクター作成などに利用できる。

▶ 動画生成AI

- 入力されたテキストや画像をもとに、動画を生成してくれる（静止画の動画化・動画の生成・動画のスタイル変更・動画のフレーム補完など）。
- 映像制作において、講習動画やWebCM、SNSなどでも利用が増えている。

▶ 音声生成AI

- 入力されたデータやイメージ、音声データをもとに、新たな音声を生成してくれる（音声の変換・架空の音声作成・歌の歌唱など）。
- 映像制作において、ナレーションやキャラクターの音声生成などに利用できる。

　しかし、生成AIでできることが増えたとしても、必ずしも万能なツールではありません。AIにも得意とする領域とそうでない領域があります。生成AIは100点満点中の70点を取るツールとして使いはじめてみましょう。

　たとえば、感情のニュアンスを捉えたシナリオ作成や、美しいと感じる構図、繊細で細やかな人間の感覚を再現することは、まだまだ難しい状況です。
　だからこそ、生成AIには僕たち人間のクリエイティブ力が必要となります。
　生成AIの魅力は、人間のクリエイティブな発想と判断を組み合わせたときに、200点、300点を生み出すことができるできることです。

　単なる業務効率化ツールで終わらせるのではなく、各ツールの強みを引き出し、人間のクリエイティブな力と融合させることで、新たな可能性が広がっていきます。

Part

1

基本編

シンプルな動画を
作成する

Chapter

1

生成AIを使った基本の
動画制作プロセス

このChapterでは、動画生成AIの基本的な知識と
生成AIを使った動画制作の基本的な流れを紹介し
ます。まずはごくシンプルな動画の作成から始め
て、動画生成AIでどんなことができるのかを知っ
ていきましょう。

Section 01　Chapter 1　生成AIを使った基本の動画制作プロセス

動画生成AIとは？

まずはじめに、「動画生成AI」とはどのようなものなのか、生成方法にはどんなものがあるのか、概要を簡単に説明します。

Introductionでも少し紹介しましたが、**動画生成AI**とは、入力したテキストや画像などの情報から新たな動画を自動で生成できるAIのことです。

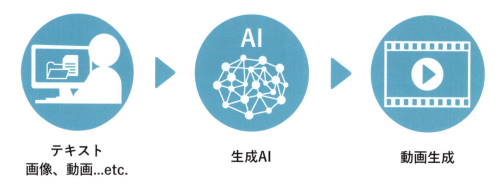

テキスト
画像、動画...etc.　　　　生成AI　　　　動画生成

代表的な動画生成AIとしては、たとえば2024年2月、ChatGPTを開発しているOpenAIが高品質な動画を生成できる「**Sora**」を発表し、大きな注目を集めました。

動画生成AIは、テキスト生成AIや画像生成AIといった「**生成AI**」の進化の中で生まれた技術です。ただし、動画生成は静止画像に比べてデータ処理がはるかに複雑で、これまで最も挑戦的な分野の一つとされてきました。

その中で、発表されたSoraは最長1分のクオリティの高い動画生成ができることで、世界中にその驚異的な能力が知れ渡りました（ただし、本書執筆時点で一般に公開されているモデルで生成できるのは5、10、15、20秒になっています）。

▶ **主な動画生成の種類**

動画生成AIは「テキスト」「静止画」「動画」「音声」「3Dモデル」「モーションデータ」など、様々な素材を基に動画を生成することができます。代表的な生成手法には、たとえば、次のようなものがあります。これらの方法を組み合わせることで、プロモーションやコンテンツ制作を効率化し、独自性の高い動画を作成できます。

- **Text to Video**：テキストを入力して、その内容をもとに動画を生成する方法
- **Image to Video**：静止画を元にアニメーションや動画を生成する方法
- **Video to Video**：既存の動画を加工・変換して新しい動画を生成する方法
- **Audio to Video**：音声や音楽を元に、動画を生成する方法

Section 02

Chapter 1　生成AIを使った基本の動画制作プロセス

短い動画を生成してみよう

動画生成AIを使って、どんなことができるのかを体験するために、先ほど出てきた代表的な生成方法をいくつか試してみましょう。

▶ Text to Videoで生成してみよう

Text to Videoを体験してみましょう。Text to Videoは、テキストに従った動画を生成します。Text to Videoには次のような特徴があります。

- 短時間で映像を制作できる
- 個人でも大規模な表現が可能
- アイデアの可視化・コンセプトメイキングに有用
- AIの判断で動かすのでなめらか
- 想定と異なる映像になることがある
- カメラワークや演技など細部コントロールが難しい

ここでは代表的なサービスの具体例として、「Runway」と「NoLang」を使ってみましょう。

- **Runway**
  https://runwayml.com/

- **NoLang**
  https://no-lang.com/

▶ Runway（Gen-3 Alpha）で生成してみよう

RunwayにはText to Videoができるモデル「Gen-3 Alpha」が用意されています。Gen-3 Alphaを使って、テキストから動画を生成してみましょう。なお、Runwayの登録方法や使用方法の詳細はChapter3で説明しているので、適宜そちらをご参照ください。

Gen-3 Alphaの使用について
RunwayのGen-3 Alphaは、本書執筆時点では有料プランのみ使用可能になっています。

NOTE

1 テキストを入力

❶モデルの選択タブでモデルを「Alpha」に切り替え、❷生成したい動画の説明をテキストで入力します。なお、このテキストのことを「**プロンプト**」と呼びます。

今回は例として「海辺にいるフレンチブルドッグ」の動画を生成してみましょう。なお、Runwayではプロンプトは英語で入力します。

プロンプト例

french bulldog on the beach

2 生成された動画を確認

「Generate」ボタンをクリックすると、動画の生成が始まります。生成が完了したら再生して確認してみましょう。なお、出力結果は生成毎に変わります。常に同じ動画が出力されるわけではありません。

生成例

▶ NoLangで生成してみよう

NoLangは生成AIプロダクトの開発を手掛けるMavericksが提供する動画生成サービスです。テキストから自動で、音声読み上げ付きのショート動画を生成することができます。なお、NoLangのもう少し詳しい使い方をAppendix内「AI動画活用③ アバター付き解説動画：NoLang × VRoid Studio」で紹介しているので、もう少し踏み込んだ使い方はそちらを参照してください。

1 テキストで指示を入力

❶「指示に応じた解説動画を作成します」と書かれたプロンプト入力欄に作りたい動画をテキストで記入し、❷入力欄内の右下にある上向き矢印のボタンをクリックします。

本書の例では、次のプロンプトを入力し、りんごの収穫方法についての解説動画を生成してみました。

プロンプト例

りんごの収穫方法についての解説

2 生成された動画を確認

AIが台本を自動的に作成し、音声読み上げ付きの動画にしてくれます。再生して、どのような動画が生成されたか確認してみましょう。

生成例

▶ Image to Videoで生成してみよう

Image to Videoを体験してみましょう。Image to Videoは、静止画とテキスト指示を与えて動画を生成する方法です。与えられたテキストの指示に従い、入力画像を動画に加工します。Image to Videoには次のような特徴があります。

- 元画像があるので生成結果が比較的安定している
- AIが画像の内容や要素を認識する必要がある
- AIが正しく画像を認識していないと意図通りに動かない場合がある
- 1枚の画像から簡易的にアニメーションを生成する場合もあれば、複数の静止画をつなぎ合わせて自然な動画を合成する場合もある

▶ Runway（Gen-3 Alpha Turbo）で生成してみよう：写真を動かす

RunwayにはImage to Videoができるモデル「Gen-3 Alpha」と「Gen-3 Alpha Turbo」が用意されています。今回は、Gen-3 Alpha Turboを使って、試しに人物写真を動画にしてみましょう。なお、Runwayの詳しい使い方はChapter3で説明しているので、ここでは簡単な手順のみ紹介しています。

1 画像を入力

❶モデルの選択タブでモデルを「Turbo」に切り替え、❷写真を入力（ドロップ）します。

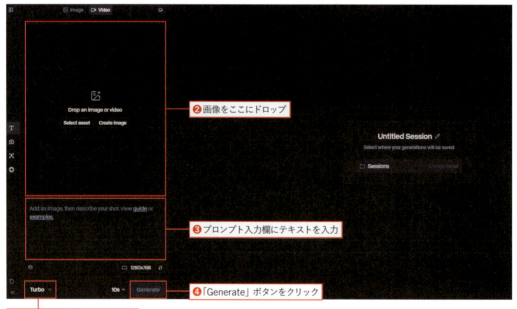

入力画像（ここではMidjourneyで生成した画像を使用）

2 テキストで指示

❸画像を入力したら、プロンプト欄にどのような動画にしたいか指示テキストを入力します。なお、指示テキストは英語で記入します。今回の例では、写真の女の子がメガネを外す動画になるように指示しました。

プロンプト例

girl taking off glasses
＊日本語訳：メガネを外す女の子

3 生成された動画を確認

「Generate」ボタンをクリック（❹）すると、動画の生成が始まります。生成が完了したら再生して確認してみましょう。

生成された動画。この出力例では元画像とメガネのデザインが変わってしまっているものの、指示通りメガネを外す女の子の動画が生成されている

▶ Runway（Gen-3 Alpha Turbo）で生成してみよう：キャラクターを動かす

キャラクター画像を入力して、キャラクターアニメーションを作成することもできます。生成方法は基本的には先ほどの写真の場合と同じです。

1 画像を入力

❶モデルの選択タブでモデルを「Turbo」に切り替え、❷キャラクター画像を入力（ドロップ）します。

入力画像

2 テキストで指示

❸画像を入力したら、プロンプト欄にどのような動画にしたいか指示テキストを入力します。今回の例では、「キャラクターがダンスする」と英語で指示しました。

> **プロンプト例**
>
> character dancing

3 生成された動画を確認

「Generate」ボタンをクリック（❹）すると、動画の生成が始まります。生成が完了したら再生して確認してみましょう。

生成例。キャラクターのダンス動画が生成された

MEMO　キャラクターの背景はグリーンバックに
背景をグリーンバックで作成しておくと、後々、ほかの動画との合成で使いやすいのでおすすめです。

▶ Video to Videoで生成してみよう

Video to Videoを体験してみましょう。Video to Videoは、動画とテキスト指示を与えて、既存の動画を加工・変換することで新たな動画を生成する方法です。たとえば「Line art」などのようにスタイルを指示すると、既存動画を線画風に加工した動画が出力されます。
Video to Videoには、次のような特徴があります。

- 動画のスタイルを変更できる
- 動画の長さを拡張できる
- 動画と動画をリミックスして新しい動画を作成できる

▶ Runway（Gen-3 Alpha Turbo）で生成

1　動画を入力

❶モデルの選択タブでモデルを「Turbo」に切り替え、❷動画をアップロード（ドロップ）します。

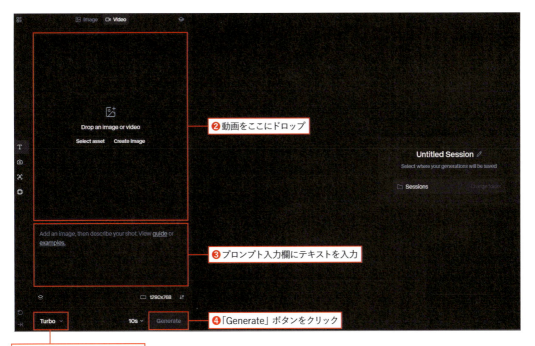

❷動画をここにドロップ
❸プロンプト入力欄にテキストを入力
❹「Generate」ボタンをクリック
❶モデルを「Turbo」に切り替え

Chapter 1　▶　生成AIを使った基本の動画制作プロセス　019

今回はこの動画をスタイル変更の例に使用

2 テキストで指示

❸動画を入力したら、プロンプト欄に、どのような動画にしたいか、たとえばスタイルなどの指示テキストを入力します。以下は動画のスタイルの具体例です。

1. 3D cartoon：
3Dカートゥーンアニメ調になります。

2. Hand illustrated cartoon sketch style：
手書きスケッチ風のカートゥーン調になります。

3. Oil painting style：
油絵のようなタッチの動画になります。

4. Japanese anime style：
日本のアニメのような絵柄の動画になります。

MEMO

スタイルの提案
プロンプト欄の下にある「Example」ボタンをクリックするとスタイルの例を見ることができます。

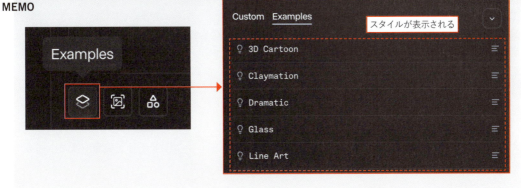

3　生成された動画を確認

「Generate」ボタンをクリック（❹）すると、動画の生成が始まります。生成が完了したら再生して確認してみましょう。

左上：3D cartoon、右上：Hand illustrated cartoon sketch style、
左下：Oil painting style、右下：Japanese anime style

NOTE

理想に近づくまで試そう
現状の動画生成AIは、必ずしも1発でクオリティの高い動画が生成されるわけではありません。納得がいく動画になるまで、再出力やプロンプトの調整を繰り返したり、編集で修正を加えたり試行錯誤が必要になることも多いです。

Section 03　ハイクオリティーな動画の生成方法

Chapter 1　生成AIを使った基本の動画制作プロセス

動画生成AIに少し慣れたところで、次のステップとして、高品質な動画を効率的に生成するコツを紹介します。1つ1つの詳細な手順は次章以降で説明しますが、まずはどんなことを行うのか大枠を把握していただくため、基本となる流れを簡単に説明します。

ハイクオリティーな動画を効率よく生成するための3つのステップを解説します。この手法を使えば、各ツールの特長を活かして、短時間でプロフェッショナルな仕上がりを実現します。なお、各ステップの詳細はそれぞれ、Chapter2以降で解説しています。

▶ Step.1 画像生成（Chapter2で解説）

テキストのみで動画を生成するよりも、入力に画像を使用する方が安定した高品質の出力を得られる確率は高くなります。使用する画像は、自分でオリジナリティのあるイラストや写真を用意できればそれがベストですが、それは中々ハードルが高い…という人も少なくないと思います。そんな時は、画像生成AIを活用するのも有効な手段の1つです。

画像生成AIには様々なものがありますが、私はMidjourneyをよく使っています。Midjourneyは、AIを利用して高品質な画像を生成できるツールです。まず、動画のテーマや雰囲気に合った画像を生成します。

Midjourneyで生成した画像

022　Part 1　基本編　▶ シンプルな動画を作成する

▶ Step.2 画像補正＆アップスケール（Chapter2で解説）

画像生成AIには、MidjourneyやAdobe Fireflyなどのような、生成した画像を補正したり部分的な修正を行う機能が用意されているものもあります。そういったツールを使用し、生成した画像を補正して画像の品質を高めましょう。

Midjourneyで画像補正をおこなった画像（左）とAdobe Fireflyで画像補正を行った画像（右）

さらに、アップスケールを行い画像の解像度を上げたり画質を修正します。アップスケールが行えるツールには、たとえば「Magnific AI」「Krea AI」などがあります。

元画像

Magnific AIでアップスケールを行った画像。高精細になっている

▶ Step.3 動画生成（Chapter3 で解説）

たとえばRunwayなどのImage to Videoの機能が用意されている動画生成ツールを使用して、画像から動画を生成します。

RunwayのImage to Videoで画像をもとに動画を生成

Part

1

基本編

シンプルな動画を
作成する

Chapter

2

画像生成AIを使った
ビジュアル素材の作成

このChapterでは、クオリティーの高い動画を作る
ための1つ目のステップとして、画像生成AIを活
用して高品質のビジュアル素材を作成する方法を
解説していきます。

Section 01

Chapter 2 画像生成AIを使ったビジュアル素材の作成

Midjourneyによる画像素材の作成

本書執筆時点でも画像生成AIは数多く公開されていますが、ここでは、その中でもよく使われているものの1つ「Midjourney」を紹介します。

Midjourneyは、テキストプロンプトから高品質な画像を作成するAIツールです。幻想的で芸術性の高い画像生成が得意で、カジュアルなクリエイターから、本格的なアーティストまでクリエイティブな作品を生成する際に広く活用されています。

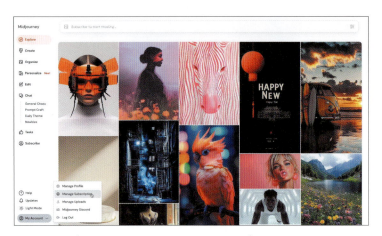

Midjourney（https://www.midjourney.com/home）

▶ 特徴

まずは、Midjourneyにはどのような特徴があるのかを紹介します。

- **高品質な画像生成：**
  Midjourneyは、テキストプロンプトに基づいて、実物と見間違えてしまうほどの画像を生成することができます。さらに、MidjourneyはDiscordを介して利用する方法と、Webブラウザ版を利用する方法があり、Web版は、直感的で、より簡単に画像生成を行うことができます。

- **一度に4枚の画像生成：**
  1つのテキストプロンプトで構成・デザインの異なる4枚の画像を生成できます。さらに画像の生成速度も速く、時短で理想の画像を生成できます。

- **芸術的なスタイル：**
  特にアーティスティックなスタイルに優れており、驚くほど芸術的な色彩・コントラスト・構

成の画像を生成できます。ファンタジーやサイバーパンクなどの特定のスタイル表現が得意で、イラスト、アニメ向けの画像が生成できる「Nijiモデル」も搭載されています。

著作権や知的財産権への留意
「Nijiモデル」は他のモデルと比べ、既存のアニメやマンガ、キャラクターと酷似した画像が生成されやすい傾向があるため、生成物の取り扱いにはより慎重な対応と判断が必要です。他者の著作権や知的財産権を侵害するリスクを常に意識し、適正に利用しましょう。

▶ Midjourneyの料金プラン

Midjourneyには、本書執筆時点では4つのプランが用意されています。

	Basic Plan	Standard Plan	Pro Plan	Mega Plan
月額	10ドル	30ドル	60ドル	120ドル
年額	98ドル （月額8ドル）	288ドル （月額24ドル）	576ドル （月額48ドル）	1,152ドル （月額96ドル）
Fast GPU Time [1]	月3.3時間	月15時間	月30時間	月60時間
Relax GPU Time [2]	ー	無制限	無制限	無制限
ステルスモード [3]	ー	ー	〇	〇

[1] Fast GPU Time：高速に生成できるモードです。プランごとに使用可能時間が決まっており、割り当てられた高速生成できる時間を使い切るとRelax GPU Timeモードに移行します。
[2] Relax GPU Time：低速で画像を生成するモードです。サーバの混雑具合によって生成にかかる時間は変わります。
[3] ステルスモード：生成した画像がMidjourneyのウェブサイト上で他のユーザーに見られないようにするモードです。

Midjourneyの生成画像の商用利用
Midjourneyの規約上、生成画像の所有権はその画像を生成した有料プランユーザーに帰属し、商用利用が可能です。ただし、年間収益が100万米ドルを超える企業（および個人事業主）がMidjourneyを利用し商用利用する場合は、Pro PlanまたはMega Planに加入する必要があります。また、他者が生成した画像をアップスケールした場合、その画像の所有権は元の制作者に帰属し、無断で商用利用することはできません。

▶ Webブラウザ版の使用方法

MidjourneyのWebブラウザ版は、初心者の方でも使いやすく、簡単な操作で好みの画像を作ることが可能となります。MidjourneyのWeb版を使用するためにはアカウント登録が必要なため、その手順を紹介します。

▶ アカウント登録

1 Midjourney公式サイトにアクセス
　Midjourney公式サイトにアクセスします。

Midjourney公式サイト
（https://www.midjourney.com/）

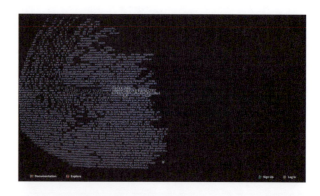

2 初めての方は"Sign Up"をクリック
　初めて利用する方はSign Upをクリックして下さい。

3 Googleアカウントでログイン
　Webブラウザ版の利用は、Googleアカウントでログインを行います。

4 料金プランの案内
　Join nowをクリックして、プランの申し込みを行なって下さい。表示されない方は、マイアカウントから**Manege Subscripton**を選択して手続きを進めて下さい。

028　Part 1　基本編　▶　シンプルな動画を作成する

▶ トップページの見方と機能

MidjourneyのWebブラウザ版のトップページには、世界中のユーザーが生成した画像が表示されています。

Midjourney の Web ブラウザ版トップページ

上部には、プロンプトを入力する欄と、生成する画像の設定を調節するボタン、検索バーなどがあります。また、左側上部には、画像生成に関する項目やChatの項目などが並んでいます。

Explore：
他のユーザーが作った画像と、その際に使われたプロンプトを一緒に見ることができます。Random・Hot・Top Dayなどの項目を切り替えて、興味のある観点から画像を探せます。

Create：
自分が生成した画像やプロンプトの確認、画像の設定や編集を行うことができます。

Organize：
自分が生成した画像の一覧を確認できます。プロジェクト毎にフォルダを作り、管理することも可能です。

Personalize：
AIが自分の視覚的な好みを学習し、それに合わせた画像を生成することが可能です。Personalizeでトレーニングすることで、ユーザーの好みやスタイルを理解し、より個人的な感覚に合った画像を作り出せるようになります。

Edit：
コンピューターから画像をアップロードして、画像の拡張や、トリミング、再ペイントなどをする機能です。

Chat：

「Chat」では、他のユーザーと交流でき、いくつかの「**Room**」（部屋）に分かれています。

General Chaos	自由な会話ができる「なんでもあり」の部屋で、画像のシェアや意見交換など、気軽にいろいろ話せます。
Prompt Craft	プロンプトを上手に使うコツをみんなでアドバイスし合う部屋です。プロンプトがうまくいかないときに、アドバイスをもらうのに便利です。
Daily Theme	毎日ひとつのお題が出され、みんながそのテーマに合わせて画像を作る部屋です。いろんな解釈で画像が作られ、世界規模のアイデアを見ることができます。
Newbies	初心者向けの部屋で、気軽に画像生成の実験を楽しめます。シンプルなプロンプトや予想外の画像も多く、AIならではの面白さが味わえる部屋です。

Tasks：

様々な生成画像を評価したり、自分の好みの画像を記憶させていくことができます。またMidjouneyの向上のために、アンケート調査や調査結果の確認などを行うことができます。

左側下部には、アカウントの設定項目があります。

Help：

困ったときに質問したり、他の人を助けたりできる部屋です。AIやMidjourneyの使い方で悩んだときに役立ちます。

Updates：

Midjouneyから最新のお知らせが届きます。新機能の追加やアップデートの情報などが更新されていきます。

Light Mode：

Light Mode or Dark Modeで表示画面の色を変更することができます。

LightMode	画面の表示を白ベースに変更します。
DarkMode	画面の表示を黒ベースに変更します。

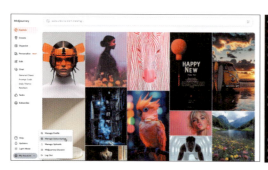

Light Mode（左）とDark Mode（右）

My Acount

Manege Profile	プロフィールの管理を行えます。
Manage Subscription	サブスクリプションの管理を行えます。
Manage Uploads	Midjouney上にアップロードした画像の管理を行えます。
Midjouney Discord	MidjouneyのDiscord版を開くことができます。
Log Out	ログアウトできます。

▶ 画像の生成方法

プロンプト欄に作成したい画像の説明を入力することで、画像を生成することができます。

1 プロンプトの入力

「What will you imagine?」と記載されている部分にプロンプトを入力します。**Midjourneyのプロンプトは英語で入力を行います**。入力後、Enterキーを押すと生成が始まります。
今回の例では「city of tokyo」と入力し、画像を生成してみました。

ここにプロンプトを入力して「Enter」で画像生成開始

「英語が苦手」な場合は…
ネットの翻訳サービスや、たとえばChatGPTなどの生成AIを使って日本語から英語に翻訳するのが便利です。

POINT

2 生成画像の確認

❶Createをクリックすると、❷画像を確認することができます。一度に4枚の画像が生成されます。右側に使用したプロンプトが記載されています。

❶「Create」を選択　❷生成画像が表示される　使用したプロンプト

Chapter 2 ▶ 画像生成AIを使ったビジュアル素材の作成

画像をクリックすると拡大して確認することができます。さらにダウンロードや微調整の指示を出すことも可能です。

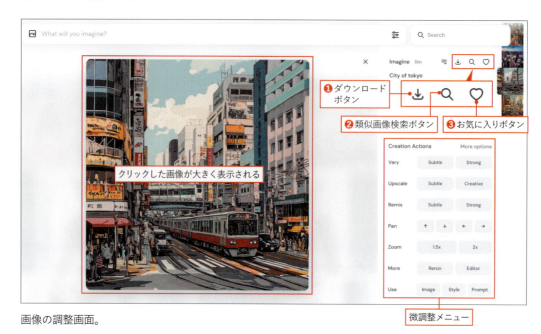

画像の調整画面。

生成画像の調整

Creation Actionsで生成した画像のアップスケールや、サイズの調整、他のバリエーションの生成などを行うことができます。表示されていない項目は、More optionsを選択すると表示できます。なお、通常、Image sizeが4:3の場合は1232×928のサイズとなります。

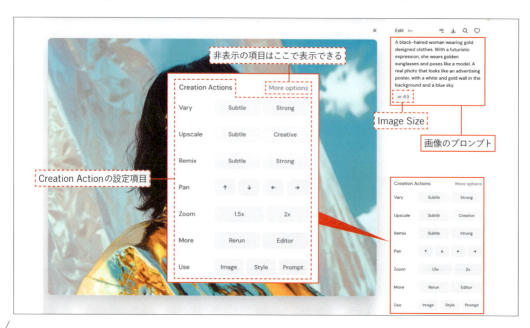

▶ Vary（変化・変形）

生成した画像に対して、異なるバリエーションを作成することができます。「Subtle」と「Strong」のモードがあります。

Subtle（微妙）	元の画像に対して微妙な変化を加えます。
Strong（強い）	元の画像に対してより顕著な変化を加えます。

Subtle（左）の結果とStrong（右）の結果

▶ Upscale（アップスケール）

画像の解像度を向上させることができます。「Subtle」と「Creative」のモードがあります。

Subtle（微妙）	画像の解像度を微妙に向上させます。 大きさ4:3の場合（1232×928→2464×1856）
Creative（創造的）	画像の解像度を向上させつつ、創造的な要素を加えます。 大きさ4:3の場合（1232×928→2464×1856）

Creative

▶ Remix（リミックス）

画像に変更を加えることができます。

Subtle（微妙）	画像に微妙な変更を加えてリミックスします。
Strong（強い）	画像により大きな変更を加えてリミックスします。

次の例では、プロンプト「woman」を「man」に変更し、「Strong」で生成しています。

Strong

▶ Pan（パン）

上下左右の矢印ボタンがあり、指定方向に画像を生成できます。

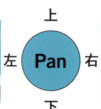

▶ Zoom（ズーム）

画像のアスペクト比を保ったまま、倍率（1.5xまたは2.x）にあわせて画像を拡張生成することができます。

1.5x	画像を同じ比率のまま、1.5倍に拡張生成します。
2x	画像を同じ比率のまま、2倍に拡張生成します。

1.5xの実行結果

2xの実行結果

▶ More（その他）

前回の操作を再度実行する機能、画像を部分的に変更する編集機能が用意されています。

Rerun（再実行）	前回の操作を再度実行します。
Editor（エディター）	画像編集ツールを開きます。

エディター画面から、Eraseで変更させたい箇所を選択し、Edit Promptに変更させたい指示を追加します。今回は(yellow jacket)と追加しました。Submitで生成できます。

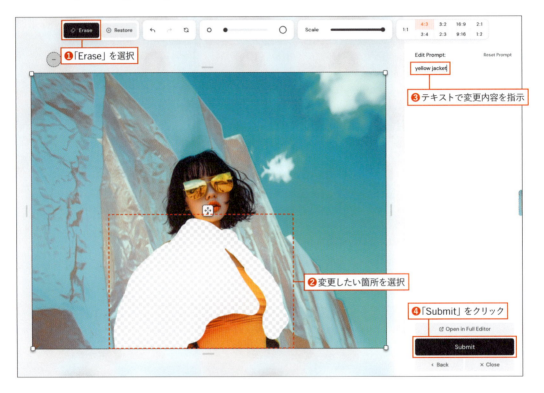

▶ Use（使用）

Useには「Image」「Style」「Prompt」の3つのボタンが用意されています。それぞれのボタンをクリックすると、Image Barに元画像やプロンプトが適応されます。

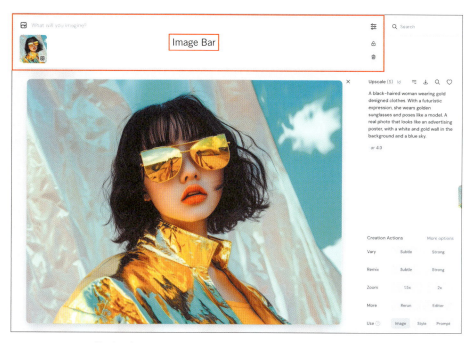

Image Barに元画像が入力される

Image（画像）	元画像をImage Promptとして使用できます。
Style（スタイル）	元画像のスタイルだけを維持する「Style Reference」機能を使うことができます。
Prompt（プロンプト）	テキストプロンプトを使用して画像を生成または編集します。Promptをクリックすると、Image Barに元画像で使用したプロンプトが表示されます。

Imageの実行結果。テキストプロンプトには「japanese male, old man」を入力。スタイルやレイアウトは維持されたままキャラクターが変更された画像が生成された

Styleの実行結果。テキストプロンプトには「japanese male, old man」を入力。元画像のスタイルのみ維持されている

Promptの実行結果。元のテキストプロンプトを使用して新たな画像が生成された

▶ 画像生成のプロンプトのコツ

画像生成AIにおけるプロンプトは、タッチやテイストの指示が詳細であればあるほど、イメージに近いものが生成されます。頭にイメージすることも重要ですが、それをしっかりと言語化することも重要です。

この指示を与えるためのプロンプトづくりのコツは「自分で色々と試してみること」が一番です。しかし、自分で試してみるだけでは限界があるので、参考になる方法を紹介します。

▶ 1. 画像のイメージを明確にする

画像生成AIを使用する際は、まず生成したい画像のイメージを明確にすることが大切です。具体的なビジョンを固めるために、スケッチを描いたり、参考となる類似画像を探したりするのがおすすめです。さらに、よりイメージを明確にするために、下記の図を見ながら言語化していきましょう。

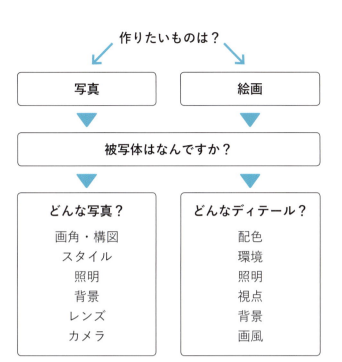

さらに、人物が主役になるときは、次のような要素を組み込みましょう。

要素	要素の例
年齢	20代
性別	女性
国籍	日本人
ポーズ	カメラ目線
服装	オレンジのブラウスと白い帽子
表情	笑顔
背景	森
光源	自然光
カメラフォーカス	人物に焦点、背景はぼかし

プロンプト例

A Japanese woman in her 20s in the center of the screen, smiling and looking at the camera, long brown hair, orange blouse and white hat, bright natural light, forest in the background, background slightly blurred to focus on the person, High resolution, realistic depiction.
日本語訳：画面の中央にいる20代の日本人女性、カメラに向かって微笑んでいる、長い茶色の髪、オレンジ色のブラウスと白い帽子、明るい自然光、背景には森、人物に焦点があてて背景は少しぼかし、高精細で写実的

生成された人物画像

風景を生成するコツは、場所、時間帯、色彩、特徴的な要素などを組み合わせてプロンプトを構成することです。

> **プロンプト例**
>
> North Pole at dusk, orange sky, ice floes and gentle waves, polar bear
> 日本語訳：夕暮れの北極、オレンジ色の夕日、氷の上にシロクマと流氷

生成された風景画像

▶ 2. 優先順位をつけて指示する

プロンプトは、<mark>前に記載された言葉の優先度が高くなるため、重要な要素は冒頭に配置する</mark>ことが大切です。

POINT
1. メインの被写体（人物、動物、風景など）
2. 被写体の状況や動作（表情、見た目、動きなど）
3. 環境（場所、背景、天気など）
4. 構図やアングル（全身、顔のアップ、カメラや被写体の位置など）
5. カラーパレット（メインカラー、全体の色使いなど）
6. アートスタイルや技法（アニメ、水彩画、レトロ、3Dなど）

▶ 3. ネガティブプロンプトで不要なものを指示する

ネガティブプロンプトとは、画像生成AIに対して「**生成から除外したい要素**」を指定する指示文です。通常のプロンプトが「このような画像を作ってほしい」というリクエストであるのに対し、ネガティブプロンプトは「このような要素は含めないでほしい」と指示するものです。<mark>ネガティブプロンプトは、「--no ○○」の形でプロンプトの最後に追記します。</mark>
例えば、「犬のゲージ」というプロンプトで生成した画像に犬とゲージが一緒に写っていた場合、犬を写したくない場合にはネガティブプロンプトとして「犬」を指定します。これにより、犬を除外し、犬のゲージだけが描かれた画像を生成することができます。

ネガティブプロンプトの例。「Indoor dog cage, blanket and food bowl --no dog」と指示することで、犬が除外された画像を生成できた

▶ 生成する画像の調節方法

生成する際に、コントロールパネルを調整することで生成画像を調整することができます。
What will you imagine? の右端にある赤色のバーをクリックすると、下記コントロールパネルが開きます。ここでデフォルトの生成方法を設定することができます。

▶ Image Size

ここでは生成する画像の比率（アスペクト比）を選択することができます。

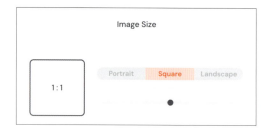

Portrait（縦長の3:4）　Square（正方形）　Landscape（横長の4:3）
さらにスケールを移動させると、縦長の「2:3」や横長の「16:9」などより細かい調整が可能です。

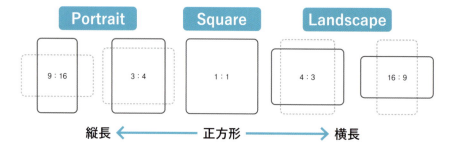

POINT

初心者のためのアスペクト比ガイド

● YouTube 通常（16:9）
YouTubeの標準アスペクト比は16:9で、推奨解像度は1080p（1920×1080）です。近年では4K（3840×2160）対応の視聴デバイスが増え、高画質動画の投稿が増加しています。

● YouTube ショート（9:16）
YouTube shors 動画の場合は9:16のアスペクト比が推奨され、解像度は1080p（1080×1920）を設定すると最適な表示が可能です。

● Instagram フィード投稿（1:1 or 4:5）
Instagramのフィード投稿には1:1のアスペクト比が推奨されています。解像度については、フィードでは最大1080p フルHDに対応しています。

● Instagram ストーリーズ・リール投稿（9:16）
ストーリーズでは、9:16のアスペクト比が推奨されています。ストーリーズでは最大720p HDに対応しています。

● TikTok（9:16）
TikTokでは9:16のアスペクト比が推奨され、解像度は最大1080p フルHDに対応しています。

▶ Model

使用するモデルと、モデルのバージョンの選択、好みの調整ができます。

Mode
2つの画像生成モード「Standard」と「Raw」が用意されており、それぞれ次の特徴があります。

Standard	デフォルトの画像生成モードで、AIモデルに組み込まれた美的センスや芸術的なスタイルが追加され、視覚的に魅力的な画像を生成します。
Raw	スタイルの加工や装飾を最小限に抑え、より自然で写実的な画像を生成します。プロンプトで指定したスタイルをより正確に反映します。

Version
利用モデルのバージョンを変更できます。デフォルトのバージョンは最新のものですが、プルダウンメニューから過去のモデルを選択することが可能です。
さらに、アニメやマンガのスタイルに特化した「Niji6」なども選択できます。

Personalize

自分好みのテイストの画像を生成できる機能です。ユーザーの個人的な好みや美的センスに基づいて画像を生成することができ、サイドバーの「**Personalize**」から好みの画像を選ぶことで使用できる機能です。

▶ Aestetics

3つのスライドバーを調整して、美的要素を微調整するためのツールです。

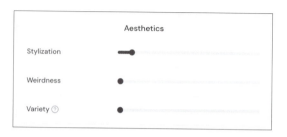

Stylization（様式化）

このパラメーターを上げると、より芸術性が高い装飾された画像になります。

stlization0（左）、stlization500（中央）、stlization1000（右）

Weirdness（奇抜さ）

このパラメーターを上げると、画像にユニークで奇抜な要素が追加されます。

Weirdness0（左）、Weirdness1500（中央）、Weirdness3000（右）

Variety（多様性）
このパラメーターを上げると、異なるスタイルや構図の画像を生成します。

chaos0（左）、chaos50（中央）、chaos100（右）

▶ More Options

ここでは画像生成のスピードと、生成した画像を他のユーザーから隠すかどうかを選択することができます。

Speed
画像生成のスピードを決めるパラメータです。

Relax	生成に時間がかかりますが、生成回数を消費しない設定です。
Fast	デフォルトの標準的な生成速度モードです。
Turbo	通常の2〜4倍の時間で生成できます。

Stealth
ステルスモードは、生成した画像を他のユーザーから隠す機能です。Onにすることでユーザーが生成した画像や使用したプロンプトが他のユーザーに公開されることを防ぎます。
なお、ステルスモードはProプラン、またはMegaプランに加入しているユーザーのみの利用となっています（本書執筆時点）。

Section 02

Chapter 2 画像生成AIを使ったビジュアル素材の作成

Adobe Fireflyによる画像補正

ここからは、アドビが提供する生成AIツール「Adobe Firefly」について解説していきます。この Adobe Fireflyを活用することで、生成した画像の補正をすることができます。

▶ Adobe Fireflyとは？

Adobe Fireflyは、テキストや画像を入力するだけで、高品質な画像や動画を自動生成できるクリエイティブに特化した生成AIツールです。また、動画や音声をアップロードして別の言語に翻訳する機能なども備えています。このツールはアドビが提供しており、特に以下の3つの特徴があります。

1. **商用利用の安全性**：
   著作権に配慮したデータセットを用いて学習しており、生成コンテンツを商用目的で安心して利用できます。

2. **アドビ製品との連携**：
   PhotoshopやIllustratorなど、アドビ製品とシームレスに統合されており、生成された画像をそのまま編集作業に利用できます。これにより、既存のワークフローにスムーズに組み込むことが可能です。

3. **学習データ、および生成コンテンツの透明性**：
   特徴1で挙げたように学習データがクリーンであることに加え、コンテンツクレデンシャル情報（創作プロセスなどに関するメタ情報）の付与により著作情報を持たせることで、生成コンテンツの透明性を確保しています。

Adobe Fireflyによる画像生成。プロンプト：大きなキラキラした目、ソフトクリームを頭につけ、ふわふわのピンクの毛皮を持つかわいいモンスター

▶ 商用利用の安全性

Adobe Fireflyは商用利用に特化した安心設計が大きな特徴の一つです。以下に、その詳細を具体的に説明します。

▶ 1. 学習データの信頼性

Adobe Fireflyは、以下のような著作権に配慮したデータセットを使用して学習しています。

- **Adobe Stock：**
  アドビが提供するライセンス済みの高品質な画像データベースで、商用利用が可能な素材が揃っています。このデータベースを活用することで、生成された画像が第三者の著作権を侵害するリスクを回避しています。

- **パブリックドメイン作品：**
  著作権が切れた古典的な作品や、権利放棄された作品をデータセットとして利用しています。これにより、法律的にクリアなコンテンツ生成が可能です。

- **アドビ独自コンテンツ：**
  アドビが独自に撮影・制作した画像や動画を使用しています。これにより、他社の著作物を無断利用するリスクを極力排除しています。

▶ 2. コンテンツクレデンシャルによる透明性の確保

Adobe Fireflyで生成された画像には、「コンテンツクレデンシャル」というメタデータが埋め込まれます。この仕組みにより、画像がAIによって生成されたものであることが明確に示され、商用利用の際に透明性を保つことができます。これにより、使用者が生成画像を利用する際、安心感が向上します。

▶ 3. 個人コンテンツの保護

アドビは顧客の個人コンテンツを尊重し、以下のような方針を採用しています。

- **Adobe Creative Cloudユーザーのコンテンツ保護：**
  Adobe Creative Cloudサブスクライバーがアドビのツール（PhotoshopやPremiere Pro、Illustratorなど）で作成した個人コンテンツは、Fireflyのトレーニングデータセットに使用されません。これにより、個人や企業が作成した独自のコンテンツが不正に利用される心配がありません。

- **Adobe Stockコントリビューターの契約：**
  Adobe Stockの貢献者（コントリビューター）が提供したコンテンツについては、ライセンス契約に基づきFireflyのトレーニングに使用される場合があります。このプロセスも透明性を持って運用されています。

Chapter 2 ▶ 画像生成AIを使ったビジュアル素材の作成　　047

▶ Adobe Fireflyの料金プラン

Adobe Fireflyは、画像生成やその他機能を使用する場合「生成クレジット」を消費します。これは、機能を1回使うごとに1クレジットずつ消費されるポイントのようなものです。クレジット数は毎月リセットされ、残っていても翌月への繰り越しはありません。また、毎月付与される生成クレジットの数は、加入しているプランによって異なります。

	Firefly Standard	Firefly Pro
料金	1,580円/月（税込）	4,780円/月（税込）
クレジット数	毎月2,000生成クレジット利用可能	毎月7,000生成クレジット利用可能

※プラン内容は更新される可能性があるため、最新情報や詳細はアドビの公式サイトをご確認ください。

Adobe Fireflyは、ほかのアドビ製品でも利用可能です。

その他の製品プラン	クレジット数
Adobe Creative Cloud コンプリートプラン （Illustrator、InDesign、Photoshop、Premiere Pro、After Effects、Auditionなど）	月1,000クレジット
Adobe Creative Cloud 単体プラン （1つのアプリケーションを選択して契約）	月25〜500クレジット ※アプリケーションによって異なります
Adobe Stock	月500クレジット
Adobe Express プレミアムプラン	月250クレジット

※上記のプランを複数契約している場合はプランごとのクレジット数が合算されます。また、そのほかのプランや詳細、最新情報はアドビの公式サイトを確認してください。

▶ Adobe Fireflyの登録方法

1 Adobe Fireflyへアクセス
Adobe Fireflyの公式ページにアクセスします。

2 ログイン
右上のログインボタンをクリックし、ログインします。
Adobe Firefly公式サイト：
https://firefly.adobe.com/

3 アドビアカウントの作成
アドビアカウントがない場合は、アカウントを作成する必要があります。「アカウント作成」をクリックし、アドビのアカウントを作成手続きを行ってください。

4 登録完了手続き
登録アドレスにアドビからメールが届きます。メールに記載されているリンクをクリックすれば登録完了です。

▶ Adobe Fireflyの使用方法

登録が完了したら、Adobe Fireflyを使って画像を生成してみましょう。ここからは、使い方の詳細を解説していきます。

▶「テキストから画像生成」で画像を生成する

テキスト入力を基に画像を生成する仕組みです。プロンプト入力欄にテキストを入れて、「生成」ボタンをクリックすると、4枚の画像が生成されます。日本語で希望する画像の内容を入力して、理想のビジュアルを作り出してみましょう。

日本語プロンプトに対応
2023年7月、Adobe Fireflyが日本語プロンプトに対応しました。他の多くの生成AIが英語のプロンプトに限定されている中、日本人ユーザーにとって非常に使いやすい生成AIといえるでしょう。

MEMO

1 「テキストから画像生成」の生成ページにアクセス

Adobe Fireflyの画像生成機能には、「テキストから画像生成」「生成塗りつぶし」「テンプレートを生成」「生成拡張」など、様々なメニューが用意されています。「テキストから画像生成」メニューパネルをクリックすると、生成ページが開きます。

2 プロンプトを入力

プロンプト入力欄に、例えば「宇宙ヘルメットをかぶったカワウソ」などのように、生成したい画像の指示テキストを入力します。

3 「生成」ボタンをクリック

プロンプト欄の右端にある「生成」ボタンをクリックすると、画像が生成されます。

プロンプトを入力して、生成ボタンをクリック

4 生成画像の確認・調整

4種類の異なる画像が生成されます。気に入った画像があれば、さらに画像を調整して品質を高めましょう。

Adobe Fireflyでは、プロンプトを細かく調整して理想の画像を生成できるだけでなく、写真の構図やスタイル、色合いを選択形式で簡単に設定できます。このため、プロンプトに詳しくない方でも直感的に操作でき、思い通りの画像を簡単に作り出せます。

▶「生成塗りつぶし」で画像を補正する

生成塗りつぶし機能を使うと、画像の一部分を選択して新しい画像に置き換えたり、不要な要素を削除したり、新たな要素を追加することができます。
この機能を使って、画像の加工をしてみましょう。

1　調整したい画像を読み込む

❶「生成塗りつぶし」メニューパネルをクリックします（「生成塗りつぶし」が見つからないときは、メニュー表示を「画像」に切り替えてください）。
❷「生成塗りつぶし」の入力ページが開きます。上部のボックスに調整したい画像ファイルをドロップするか、またはボックス内にある「画像をアップロード」ボタンをクリックして読み込みましょう。Adobe Fireflyが提供しているサンプル素材を使うこともできます。

2　画像の一部を変更する

読み込んだ画像を表示した、生成塗りつぶし画面が開きます。❶「挿入」ボタンをクリックして挿入モードにし、❷変更したい箇所を塗りつぶしましょう。今回は頭の上のソフトクリームを、黄色のソフトクリームに変更させていくので、その部分を塗りつぶしました。
❸プロンプト欄に変更したい内容をテキストで入力し、❹生成ボタンをクリックします。
今回はプロンプトには「黄色いソフトクリーム」と入力しました。

「生成塗りつぶし」画面

キャラクターの頭の上のクリーム部分を塗りつぶす

一回の生成で3枚の画像が生成されます。気に入った画像があれば「保持」をクリック、もう一度生成する場合は「さらに生成」をクリックします。保持をクリックすると、別の箇所の修正も可能になります。

テキストの指示に従い、塗りつぶした部分が黄色いクリームに変更された

3 画像に新しく要素を追加

「挿入」モードでは、新しい要素を追加することもできます。❶追加したい箇所を塗りつぶし、❷プロンプト欄に追加したい要素をテキストで入力して❸「生成」ボタンをクリックします。今回は手にキャンディーを持ってもらうためプロンプトに「ピンクと白のキャンディー」と入力しました。

要素を追加したい部分を塗りつぶして、プロンプト欄に追加したい事項をテキストで指示

ピンクと白のマーブル模様のキャンディを持った画像が生成できた

3 画像の不要な部分を削除する

❶左側の操作メニューの「削除」ボタンをクリックして削除モードにし、❷削除したい部分を塗りつぶします。❸右下の「削除」ボタンをクリックすると、選択した部分が削除され、削除した部分には周りにあわせた背景が生成されます。

削除モードで削除したい部分を塗りつぶして（選択して）、「削除」ボタンをクリック

塗りつぶした部分が削除された。削除した部分は周囲に合わせた背景が生成され、自然に見えるようになっている

4　画像を拡張する

　拡張ボタンをクリックして拡張モードにすると、画像の比率を変更することができます。サイズに合わせて拡張される部分には、新しく画像が生成されます。

「自由形式」は自分好みのサイズに変更することができます。その他、「正方形」「横(4:3)」「ワイドスクリーン(16:9)」縦「3:4」の中から選択して、比率を変更することができます。
❶変更したい比率を選び、❷拡張した部分に追加したい要素がある場合はプロンプトを入力して、❸「生成」ボタンをクリックします。
今回は、横長の元画像を「縦3:4」に変更します。上下の部分は新しく生成されるので、プロンプトに「大きなケーキに座っている」と入力しました。

拡張した部分に背景とケーキ、ケーキに座っている下半身部分が生成された

「生成塗りつぶし」による画像補正のまとめ

モード	できること	例
挿入	• 画像の一部を変更させる • 新しい要素を加える	
削除	画像の不要な部分を削除して、背景を新しく生成	
拡張	• 画像の比率を変更 • 拡張した部分は新しく生成される • プロンプトを入力することで、拡張部分に新しい要素を加えることができる	

Section 03　Chapter 2　画像生成AIを使ったビジュアル素材の作成

画像のアップスケール：Magnific AI

ここでは、画像のクオリティを上げるためのアップスケールについて解説します。「Magnific AI」というAI画像加工ツールを活用し、画像を高画質にしていきます。

Magnific AIは、2023年に登場した最新のAI画像加工ツールです。このツールを使えば、入力した画像を高品質に加工し、新たな魅力を引き出すことが可能です。

Magnific AIによるアップスケール

▶ Magnific AIの特徴

▶ 高品質な画像加工機能

Magnific AIは、画像を単純にアップスケールするだけでなく、ビジュアルデザインを次のレベルへと引き上げる強力な画像加工ツールです。画像をツールに読み込むだけで、初心者からプロまで幅広いユーザーのニーズを満たす仕上がりを実現します。

▶ Magnific AIの登録方法

1　Magnific AIの公式ページにアクセス
公式サイトにアクセスし、「Upscale, transform or generate an image」ボタンをクリックします。

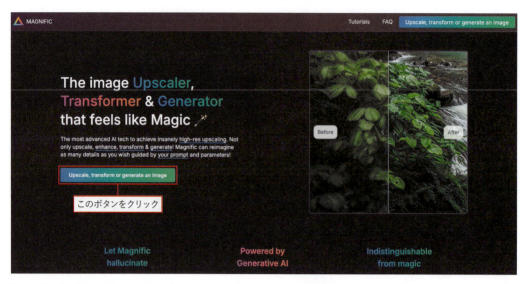

Magnific AI（https://magnific.ai/）

2　プライバシーポリシーを確認
❶プライバシーポリシーを読んで、内容に納得できたら❷チェックマークを入れます。

3　登録方法を選択する
❸Google、Twitter、Emailのいずれかを選択できます。自分にあったものを選んで登録を進めましょう。

5　料金プランの選択
料金プランの選択画面が表示されるので、自分にあったプランを選んでスタートしてください。

Magnificには3種類のサブスクリプションプランが用意されています。

各プランの料金（本書執筆時点）

	Magnific Pro	Magnific Premium	Magnific Enterprise
月額	5,900円	14,500円	43,600円
年額	56,900円	144,900円	435,900円
トークン	250/月	6500/月	20,000/月
ノーマルアップスケール	200/月	550/月	1,600/月
大型アップスケール	100/月	250/月	800/月

NOTE もっと手軽に使いたい
ここでは、より本格的に使えるツールとして多機能な「Magnific AI」を紹介していますが、有料となるため初めて使うにはハードルが高いと感じる方もいらっしゃるかもしれません。
より気軽に使えるツールとしては、たとえば「KREA」（https://www.krea.ai/）など、無料で使用可能なプランが用意されているツールもあります。

登録が完了するとTop画面が表示されます。

Magnific AIトップ画面

▶ 画像をアップスケールする方法

Magnific AIを使用した画像加工は、以下のステップで簡単に行えます。

1 **Magnific Upscalerをクリック**
　トップ画面左側「Magic spell」のメニュー内にある「Magnific Upscaler」をクリックします。

2 **アップスケールしたい画像をアップロード**
　「Input image」のところにある画像入力欄にアップスケールしたい画像をドロップしてアップロードします。

3 **各パラメーターの調整**
　アップスケールする画像の解像度やサイズを調整します。また、画像のスタイルや、何か変更したい要素があれば変更することもできます。

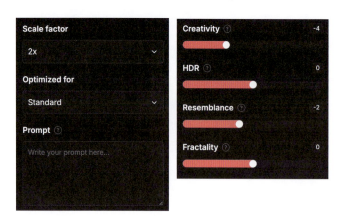

Scale Factor
アップスケールする画像の解像度やサイズを調整する設定です。2x〜16xまでの4段階で選ぶことができ、値が大きいほど、より高解像度で細部まで描写された結果が得られます。

Optimized for
入力する画像のスタイルを選択します。「ポートレート」「アートとイラスト」「映画と写真」など9種類あります。

Prompt

プロンプトを使用すれば、アップスケールの調整ができます。

Before

After（プロンプト：beautiful green eyes）

Creativity

値を高くすれば、元の画像から少し離れますが、新しい詳細を加えることで、よりリアルな仕上がりを目指します。

Creativity -10（左）、Creativity 0（中央）、Creativity 10（右）

HDR
解像度やディテールを向上させますが、値を高くしすぎると、不自然な見た目に仕上がりになることがあります。

Resemblance
この値を上げると、生成される画像が元の画像により近いものになります。ただし、値を高くしすぎると、斑点や汚れたような見た目になる場合があります。一方、値を低くすると生成の自由度が増しますが、その分元の画像から離れた仕上がりになります。

Fractality
プロンプトの影響力や、ピクセルごとの細かさを調整する高度な設定です。

- **Fractality が低い場合：**
  ディテールが少なくなりますが、不具合が起こりにくくなります。もし画像に縦縞が出る場合、フラクタリティを下げることで解決する場合があります。

- **Fractality が高い場合：**
  プロンプトの内容が画像全体のより小さな部分に反映され、細部が強調されます。例えば、「バラの写真」というプロンプトでバラの画像を生成する際にフラクタリティを高く設定すると、大きなバラの中に小さなバラのようなディテールが現れることがあります。少し奇抜ですが、芸術的な目的では役立つことがあります。

▶ クオリティーをアップした画像の例

クオリティーのアップ前（左）とアップ後（右）。アップスケール時の設定はCreativity -4、HDR 0、Resemblance -2、Fractality 0

アップスケールすることによって、髪の毛がよりシャープに描写されており、1本1本が細かく、立体感が強調されています。
さらに、毛穴や肌の陰影がより細かく表現されており、リアルな質感が感じられます。

アップスケール前はネックレスや服のディテールがやや曖昧でしたが、アップスケール後はアクセサリーや服の質感が細かく表現されています。

▶ 様々な設定による変化の例

パラメータの設定と出力の例をいくつか紹介します。出力は毎回異なるため、同じ設定でもまったく同じ生成結果が得られるわけではありませんが、どのくらい変化するかなどをイメージするための参考にしてください。

クオリティーをアップしたキャラクター画像

Optimized for	3d Renders
Creativity	1
HDR	0
Resemblance	-5
Fractality	0

Before　　　　　　　　　　　　　After

クオリティーをアップした人物画像

Optimized for	Portraits(Hard)
Creativity	3
HDR	0
Resemblance	-2
Fractality	0

Before　　　　　　　　　　　　　After

クオリティーをアップした風景イラスト画像

ptimized for	Art & Illurstration
Creativity	6
HDR	0
Resemblance	2
Fractality	0

Before

After

Part

1

基本編

シンプルな動画を
作成する

Chapter

3

動画を生成しよう：
Runway編

Runwayは、動画生成から編集まで多様な機能を備えた代表的な動画生成AIサービスの1つで、初心者からプロまで幅広いユーザーに利用されています。このChapterでは、Runwayの「Text to Video」機能と「Image to Video」について、基本的な使い方や生成動画を理想のイメージに近づけるためのコツを解説します。

Section 01　Chapter 3　動画を生成しよう：Runway編

Runwayことはじめ

まずはRunwayの特徴や登録方法、トップページの見方などを紹介します。Runwayの全体像を把握し、使い始める準備を整えましょう。

▶ Runwayの主な特徴

Runwayは、クリエイターや映像制作のプロが活用しやすい動画生成AIのツールです。映像制作における様々な作業を効率化し、新しい表現方法を提供します。

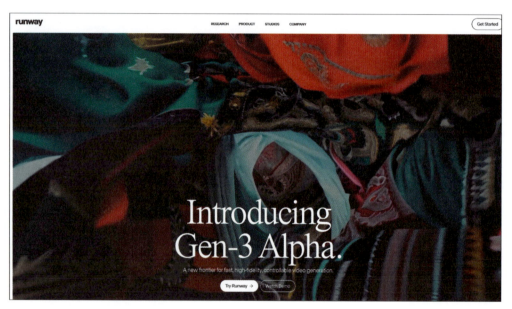

Runway（https://runwayml.com/）

Runwayには、次のような特徴があります。

1. **高速な動画生成：**
   短時間で高品質な動画を生成できる画期的な動画生成AIモデル「Gen-3 Alpha Turbo」を使うことで、動画の生成時間が非常に短く、数十秒程度で最大10秒の動画を作成できます。

2. **様々な方法による動画生成：**
   「Text to Video」「Image to Video」「Video to Video」に対応したモデル「Gen-3 Alpha」を使って、多彩な生成方法で高品質動画を作成できます。なお、Gen-3 Alpha TurboはText to Video非対応です。

3. 豊富な動画生成機能：
　Runwayの「Gen-3 Alpha Turbo」は、高度なカメラコントロール機能の「Camera Control」や撮影した人物の表情や動きをAIキャラクターに反映する「Act-One」など幅広い機能が搭載されています。

4. 既存の映像の編集：
　Runwayには既存の動画や生成した動画を編集する機能がついています。動画の背景の削除や不要な部分を削除して再生成するなど、高度な機能を短時間で活用できるため効率的な映像制作にも役立ちます。

5. クラウドベース：
　Runwayはクラウド上で作業を行うため、高スペックなパソコンは不要です。クラウド上にデータと機能が保存されているため、インターネット接続がある場所ならどこでも利用可能です。

▶ Runwayの登録方法

まずはRunwayの登録方法を紹介します。すでに登録済みの方はこの項は飛ばして、次項以降からご参照ください。

1　公式ページにアクセス
　Runwayの公式ページにアクセスし、右上のGet Startedをクリックします。

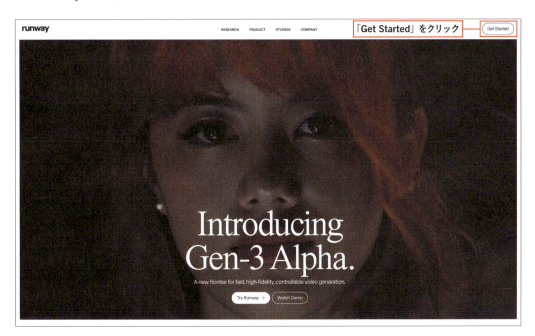

Runway公式ページ（https://runwayml.com/）

2 メールアドレスの登録

❶「Sign up for free」をクリックすると、「Create an account」というウィンドウが表示されます。

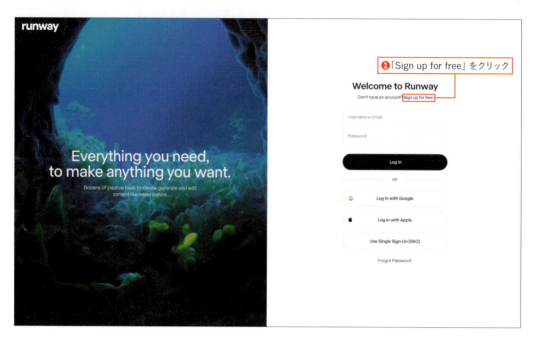

❷メールアドレスで登録を行うか、Googleもしくは Appleのアカウントを紐づけます。ここではメールアドレスで登録を行うケースを説明します。

❸メールアドレスを入力したら「Next」をクリックします。

3 ユーザーネームとパスワードの設定

ユーザーネームとパスワードを設定します。パスワードは6文字以上にする必要があります。

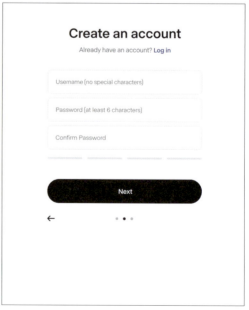

4 名前の入力

名前を入力して、
「Create Account」をクリックします。

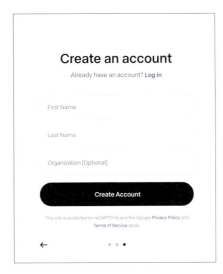

5 認証コードの入力

登録したメールアドレスに「認証コード」が届きます。メールを確認し、記載されている認証コードを入力して「Validate」ボタンをクリックします。

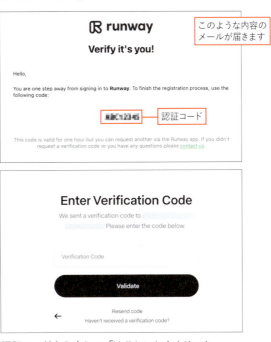

認証コードを入力して「Validate」をクリック

6 最新情報の受け取りの有無を設定

Runwayの最新情報の購読設定を訊ねるウィンドウが表示されます。メールで受け取る場合は「Subscride」、不要な場合は「Skip」をクリックします。

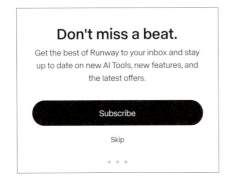

7 アップグレード

アップグレードの案内が表示されます。不要な場合は右上の「×」をクリックして案内を閉じてください。初期設定の無料プラン（Basic）から有料のプランにアップグレードしたい場合は、年額／月額を選択して「Get Standar Yearly（月額の場合はManthly）」をクリックしてアップグレード手続きを行ってください。

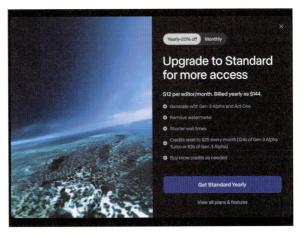

Chapter 3 ▶ 動画を生成しよう：Runway編　071

Runwayの料金プラン（本書執筆時点）

	Basic	Sandard	Pro	Unlimited	EnterPrise
月額	0ドル	15ドル	35ドル	95ドル	-
年額	-	144ドル （12ドル/月）	336ドル （28ドル/月）	912ドル （76ドル/月）	1,500ドル （125ドル/月）
クレジット	125 *追加付与無し	625/月	2250/月	2250/月	大規模なチームや組織に最適なプランです。組織のユーザーが1つの認証情報で、Runwayの全サービスにアクセス可能となります。チームごとのワークスペースをカスタマイズして使用することなどができます。 • Single Sign On • Workspace analytics • Configurable teamspace to segment and organize assets • Enterprise-wide onboarding • Priority support • No Explore Mode
モデル	• Gen3 Alpha Turbo • Gen2	• Gen3 Alpha Turbo • Gen3 Alpha • Gen2	• Gen3 Alpha Turbo • Gen3 Alpha • Gen2	• Gen3 Alpha Turbo • Gen3 Alpha • Gen2	
アセットストレージ	5GB	100GB	500GB	500GB	
透かし除去	×	○	○	○	
音声カスタマイズ	×	×	○	○	

9 登録完了

「Welcome to Runway」と表示されたら登録完了です。「Continue」をクリックすると、Runwayのトップページに遷移します。

MEMO

別の方法でログインする方法
Googleでサインアップ
1.「Googleでサインアップ」を選択します。
2. 表示されるポップアップウィンドウで、Googleアカウントを選択してください。
3. アカウントは、自動的にGoogleアカウントに関連付けられたメールアドレスで作成されます。
※ユーザー名とアカウント名は、Googleアカウントの名前とメールアドレスから自動的に設定されます。

Appleでサインアップ
1.「Appleでサインアップ」を選択します。
2. 表示されるポップアップウィンドウで、Apple IDでログインしてください。
3. アカウントは、自動的にApple IDに関連付けられたメールアドレスで作成されます。
※ユーザー名とアカウント名は、Googleアカウントの名前とメールアドレスから自動的に設定されます。

▶ Runwayのトップページの見方

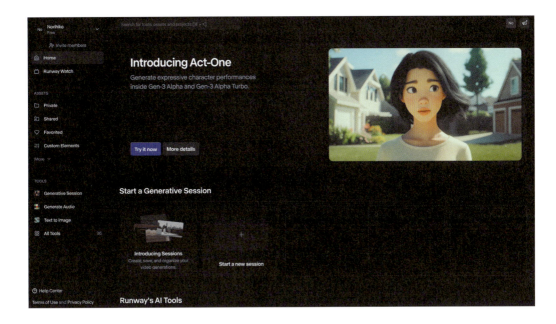

▶ Runway Watch

Runway Watchに掲載されているすべての作品は、Runwayを使用したクリエイターによって制作・投稿されたものです。インスピレーションが必要なときや、創造的なアイデアを探したいときには、Runway Watchを利用して、さまざまなチャンネルのコンテンツをプレビューしてみましょう。

▶ Assets

「Assets」タブには、Runwayで生成またはアップロードしたすべての素材が含まれています。大半の素材は自動的に整理されますが、ユーザーが好みに合わせてフォルダーを作成し、コンテンツを整理することも可能です。

- **Private**：
  ユーザーが個人的に保存したプロジェクトや素材が含まれるセクション。他のユーザーと共有されておらず、完全に自分専用です。

- **Shared**：
  他のユーザーと共有されているプロジェクトや素材の一覧が表示されます。

- **Favorited**：
  ハートアイコンをクリックしてお気に入り登録した素材が表示されます。特に気に入った生成素材をお気に入りに登録すると、簡単に見つけられるのでおすすめです。

- **Custom Elements**：
Custom Character、Custom Style、Custom Objectを15～30枚の入力画像でトレーニングできます。詳細は「AIトレーニングの基本」ドキュメントをご覧ください。

- **Video Editor Projects**：
Runwayのビデオエディターでは、複数のビデオクリップを組み合わせて、編集・エクスポートが可能な長編プロジェクトを作成できます。このセクションでは、ビデオエディタープロジェクトを作成およびアクセスできます。

- **Shared with Me**：
ワークスペース外のユーザーが共有したビデオエディタープロジェクトがここに表示されます。

▶ Tool

利用頻度の高いツールに素早くアクセスすることができます。

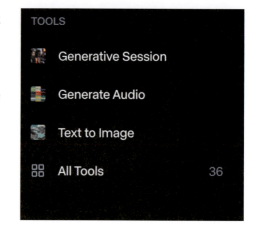

Generative Session：
最新の生成ビデオツールを使用して新しいセッションを開始できます。
主な機能は次の通りです：

- Text/Image to Video
- Video to Video
- Act-One
- Expand Video など

Generative Audio：
オーディオ生成ツールを使用することができます。
主な機能は次の通りです：

- Lip Sync
- Text to Speech
- Speech to Speech

Text to Image：
テキストプロンプトを使用して画像を生成できます。

NOTE

Runwayのセキュリティとプライバシー基準

●データセキュリティへの取り組み
Runwayはクラウドベースのブラウザサービスで、SOC 2準拠を達成しています。

●プラン別のセキュリティ
- Standard、Pro、Unlimitedプラン：
アップロードされたメディアは未承認のチームメンバーや第三者からアクセス・抽出されることはありません。
- Enterpriseプラン：
上記のSOC 2※準拠は適用されますが、追加でリクエストや契約に基づくセキュリティ仕様が、エンタープライズ契約書に明記されています。

●アップロードされたアセットのプライバシー
すべてのアセットは初期設定で「非公開」に設定されます。アセットのプライバシー設定を変更しない限り共有されません。

※ SOC 2は、米国公認会計士協会（AICPA）が作成した、サービス組織の内部統制を評価するコンプライアンス基準です。顧客データをどれだけ適切に保護しているかを示します。

Section 02　Chapter 3　動画を生成しよう：Runway編

Runway動画生成の基本

Runwayでの動画生成を始めるにあたり、生成に使用する「クレジット」や、生成画面に用意されている各機能について説明します。機能の位置やできることを把握しておくことで、スムーズに動画を生成できるようになります。

▶ 動画作成のはじめ方

「Start a new session」をクリックすると、新規セッションの作成ページが開きます。こちらで「Gen-3 AlphaTurbo」「Gen-3 Alpha」「Gen-2」を使用して「Text to Video」と「Image to Video」「Video to Video」を使用することができます。

「Start a new session」をクリック

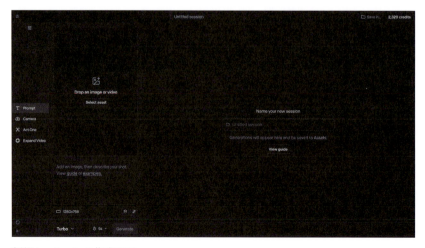

新規セッションの作成画面

▶ 各モードと消費クレジット

動画を生成すると、基本的にはクレジットが消費されます。クレジットが無くなると新しく動画を生成することができなくなるので注意しましょう。

各モードのクレジット消費量一覧（執筆時点のデータ）

	生成秒数	Gen-3 Alpha Turbo	Gen-3 Alpha	Gen-2
Text to Video	5s（Gen-2は4s）	—	50クレジット	20クレジット
	10s	—	100クレジット	—
Image to Video	5s（Gen-2は4s）	25クレジット	50クレジット	20クレジット
	10s	50クレジット	100クレジット	—
Video to Video	5s（Gen-2は4s）	25クレジット	50クレジット	—
	10s	50クレジット	100クレジット	—

▶ 生成画面

- **Prompt：**
テキストプロンプトを入力して生成を行います。なお、画像を入力する場合はテキストプロンプトが不要な場合もあります。

- **Camera：**
画像を入力すると、カメラの動きの方向と強度を指定できます

- **Act-One：**
顔がはっきり映る動画を入力することで、表情や口の動きなどをリアルに表現できるキャラクターを生成します。

- **Expand Video：**
既存の動画をリフレームします。縦型動画を横型に、横型動画を縦型に、正方形動画からは任意のサイズに変換可能です。

❶生成メディア（静止画/動画）を切り替えます。

❷動画生成の元となる、静止画や動画を入力します。

❸プロンプト入力欄です。シーン、被写体、カメラの動きに関する情報などを入力することができます。

❹動画サイズ：Gen-3 AlphaTurbo，Gen-3 Alphaの場合は「1280×768」または「768×1280」のサイズを選ぶことができます。Gen-2の場合は「16：9」「9：16」「1：1」「4：3」「3：4」「21：9」から選ぶことができます。

❺モデルの選択：「Turbo」「Alpha」「Gen-2」の切り替えが可能です。

NOTE

Gen-3 Alphaと Gen-3 Alpha Turboの機能の違い

- **Gen-3 Alpha：** テキストのみでも動画の生成が可能で、画像や動画の入力は任意です。

- **Gen-3 Alpha Turbo：** 画像、または動画の入力が必須です。画像は最初の設定では動画の最初のフレームとして使用されます。キーフレームの設定で、変更することも可能です。

❻Duration：「10s」は10秒の動画生成、「5s」は5秒の動画生成を行います。なお、Gen-2の場合は、4sのみとなります

❼Generate：動画生成の開始ボタンです。

新しいセッションに名前をつけることができる

Section 03 Chapter **3** 動画を生成しよう：Runway編

Text to Video

生成画面の基本機能を把握したら、実際に動画を生成してみましょう。このSectionでは、Runway の「Text to Video」機能の使い方を詳しく解説し、テキストプロンプトのコツや撮影スタイルの指示方法についても紹介します。

▶ 基本操作

1 Modelの切り替え

Text to Videoの機能を持つモデルは「Gen-3 Alpha」なので、Modelの設定を「Gen-3 Alpha」に切り替えます。

2 テキストプロンプトを入力

作成したい動画の説明をテキストプロンプトの入力欄に入力します。今回は例として、東京を歩くフレンチブルドックの動画を作ってみましょう。

プロンプト例

French bulldog walking in Tokyo

3 動画サイズを設定

「1280 × 768」または「768 × 1280」から選択することができます。今回は「1280 × 768」に設定してみましょう。

4 生成時間を設定

「5s」または「10s」から選択することができます。今回は「5s」に設定し、5秒の動画を生成します。

5 生成の開始

「Generate」ボタンをクリックすると、生成処理が始まります。

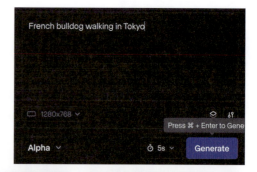

生成準備中

生成中

生成完了

6 生成動画の確認

生成が完了したら、再生をして確認しましょう。

7 動画のダウンロード

生成した動画は、ダウンロードボタンでダウンロードできます。ダウンロードフォーマットは「MP4」と「GIF」から選択可能です。

▶ プロンプトガイド

Gen-3 Alpha のText to Videoで効果的なプロンプトを作成するポイントを解説します。Gen-3 Alphaを上手に活用するには、「どんなシーンを作りたいのか」をしっかり伝えるプロンプト（指示文）が重要です。

▶ プロンプトの3つの基本

1. シンプルで具体的に書く
「何をしているか」をはっきり伝えましょう。難しい言葉や抽象的な表現は避けてください。

× a man hacking into the mainframe.（ハッカーがメインフレームに侵入している）
○ a man vigorously typing on the keyboard.（男性がキーボードを激しく打ち込んでいる）

2. 会話っぽい書き方をやめる
友達に頼むみたいな書き方はNG。短く具体的に書きましょう。

× can you please make me a video about two friends eating a birthday cake?
　（誕生日ケーキを食べている友達二人の動画を作ってください）
○ two friends eat birthday cake.
　（二人の友達が誕生日ケーキを食べている）

3. 否定的な表現は避ける
「～がない」という表現は使わず、「～がある」などの肯定的な表現や直接的な表現にしましょう。

× the camera doesn't move. no movement. no clouds in the sky.
　（カメラが動かない。空には雲がない）
○ static camera. the camera remains still. a clear blue sky
　（静止したカメラ。空は青く、晴れている）

▶ プロンプト作成のコツ① 分かりやすい構造を使う

どんなカメラの動きで、どんなシーンを撮りたいかを順番に書くとわかりやすいです。

　　例：[カメラの動き]: [シーンの説明]. [追加の情報].

「低いアングルで固定されたカメラ：赤色の服を着た女性が熱帯雨林に立っている。空は曇っていてドラマチック。」

Chapter 3 ▶ 動画を生成しよう：Runway編　　081

> **プロンプト例**
>
> Low angle static shot: The camera is angled up at a woman wearing all red as she stands in a tropical rainforest with colorful flora. The dramatic sky is overcast and gray.

▶ プロンプト作成のコツ② 大事なことは繰り返す

伝えたい要素（例えば「カメラが動かない」「空が青い」など）は、同様の意図の内容を複数回書くとシステムに伝わりやすくなります。

具体例①：カメラを移動させる場合
「連続した超高速FPV映像：カメラが熱帯雨林の茂みを滑らかに飛び抜け、夕焼けの海岸線へと移行する。」

> **プロンプト例**
>
> Continuous hyperspeed FPV footage: The camera seamlessly flies through the dense foliage of a tropical rainforest and transitions to a sunset coastline.

具体例②：テキストタイトルを出す場合
「動きのあるダイナミックなタイトル画面。シーンは黒のペンキで覆われた壁から始まります。突然、カラフルなペイントが壁に流れ落ち、「Norihiko」という文字を形成します。滴るペイントは詳細かつ質感豊かで、画面の中心に配置されています。照明は映画のように見事でドラマチックです。」

> **プロンプト例**
>
> Dynamic title screen. The scene begins with a wall covered in black paint. Suddenly, colorful paint rained down on the wall, forming the words "Norihiko". The dripping paint is detailed and textured, with great centrally placed, cinematic lighting.

▶ Camera Styles ガイド

どんな撮影スタイルがあるのか、どんなキーワードを使えばいいのかがわかると、プロンプトでカメラの動きなどを指示しやすくなります。ここでは、よく使われる撮影手法や技術を一覧にまとめて紹介します。

Keyword	Output
Low angle カメラを被写体よりも低い位置に置いて撮影するアングルのことを指します。	
High angle カメラを被写体よりも高い位置に置き、上から見下ろす形で撮影するアングルのことを指します。	
FPV カメラが設置されたドローンや車両などの視点を通して、被写体や周囲の風景を「一人称視点」で見る撮影スタイルや技術を指します。	
Hand held 三脚やスタビライザーなどを使わずに、カメラを手で持って撮影するスタイルを指します。	

Chapter 3 ▶ 動画を生成しよう：Runway編　　083

Keyword	Output
Wide angle 広い範囲を撮影できる広角レンズを使用した撮影方法や視点を指します。	
Close up 被写体にカメラを近づけて撮影する手法で、画面の大部分を特定の対象（顔や手、物など）が占めるようにした撮影方法や視点を指します。	
Macro cinematography 非常に小さな被写体を詳細に撮影する技法を指します。	
Tracking カメラ自体を動かして被写体を追従する撮影手法のことを指します。	

Keyword	Output
Dynamic motion 力強さや動きの流れを強調したカメラワークや被写体の動きを指します。	
Slow motion 通常の速度よりもゆっくり再生される映像技法を指します。	
Fast motion 通常よりも速い速度で再生する技法を指します。	
Timelapse 一定間隔で静止画を撮影し、それらを連続して再生することで時間経過を早送りのように表現する技法を指します。	

Section 04   Chapter 3   動画を生成しよう：Runway編

Image to Video

静止画から動画を生成する「Image to Video」機能の使い方を詳しく解説します。静止画を活用することで、より理想に近い動画を作成しやすくなります。また、カメラの動きを操作する「カメラコントロール」機能についても説明します。

▶ 基本操作

1　モデルの選択
Modelの設定を「Gen-3 Alpha Turbo」または「Gen-3 Alpha」に切り替えます。

2　画像のアップロード
「Drop an Image or Video」に動画に使用する画像を入力します。

3　動画サイズの設定
動画のサイズを「1280×768」または「768×1280」から選択します。
なお、アップロードした画像とサイズが異なる場合はクロップ（画像のトリミング）が必要になります。

Landscape[(1280×768)]またはPortrait[(768×1280)]を選択。大きさや位置の調整も可能。サイズやトリミング位置などをの調整が完了したら、「Crop」をクリックします

Part 1　基本編　▶　シンプルな動画を作成する

3 動画の長さ（時間）の設定
生成する動画の長さ（時間）を「5s」または「10s」から選択します。

4 プロンプトの入力
必要に応じて、どのような動画にしたいかをテキストで補足します。必須ではないので、画像だけで生成する場合は入力なしでも問題ありません。

5 生成の開始
必要な設定・入力が完了したら、「Generate」ボタンをクリックして生成を開始します。

6 生成動画の確認
生成が完了したら、動画を再生をして確認しましょう。

7 保存
動画をPCなどのローカル環境に保存したい場合は、ダウンロードボタンでダウンロードします。

▶ キーフレームの設定

入力した画像は、**キーフレーム**（動画の最初や最後、または中間点となるフレーム）として使用されます。Gen-3 Alphaでは、デフォルトでは最初のフレームに設定されています。設定で**最後のフレームに指定することもできます**。Gen-3 Alpha Turboは **最初、中間、最後のフレーム**に設定できます。

▶ Gen-3 Alphaのキーフレーム設定方法

1 画像のアップロード
「Drop an Image or Video」に画像をドラッグ＆ドロップするか、Assetsから既存の画像を選択します。

2 キーフレームエディター
画像を選択すると、キーフレームエディターが表示され、「First」か「Last」を選択することができます。

▶ Gen-3 Alpha Turboのキーフレーム設定方法

1　画像のアップロード

「Drop an Image or Video」に画像をドラッグ&ドロップするか、Assetsから既存の画像を選択します。最初にアップロードした画像は、デフォルトでは最初のキーフレームに設定されます。

左が「最初」、中央が「中間」、右が「最後」のキーフレーム

2　追加のキーフレームを設定

空のキーフレームをクリックして「Drop an Image or Video」に画像をアップロードすると追加できます。

3　キーフレームの編集

カーソルを各キーフレームの画像の上に置くと、キーフレームを移動または削除するためのコントロールが表示されます。これらを使ってキーフレームを適宜移動・削除します。

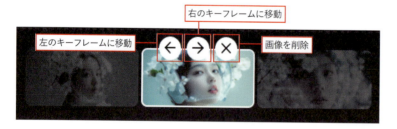

▶ 完成動画の確認

完成した動画は、Assetsの中のGenerative Videoフォルダに自動的に保存されます。「Open Assets」を開いて、生成した動画があるか確認してみましょう。

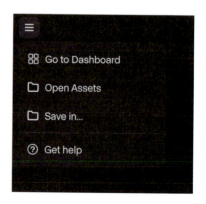

▶ Image to Videoでのテキストプロンプトの活用方法

テキストで被写体の動作やカメラワークを指示することで、意図に近いシーンが生成されやすくなります。

画像とテキストプロンプトを組み合わせた指示の例

入力する画像	テキストプロンプト	出力された動画
	The flowers sway and fly naturally, the camera remains still.（自然に花が揺れて飛ぶ、カメラは静止したまま）	
	The subject walks awkwardly, hindered by his heavy armor. Dynamic movement. As the subject approaches, the camera zooms out to maintain framing.（被写体は重い鎧に妨げられ、不格好に歩く。動きはダイナミック。被写体が近づくと、カメラはフレーミング維持のためにズームアウトする）	

▶ カメラコントロール

カメラの**動く方向**や**動きの強さ**を指定することで、各シーンに意図を持たせた撮影が可能です。

▶ カメラコントロールとは？

入力画像を使用する際に、カメラの動きの方向や強さを指定できる機能です。カメラの動きを細かく設定することで、動画により意図的な演出を加えることができます。

おすすめの使い方
テキストプロンプトと組み合わせて使用することがおすすめです。カメラコントロールだけではなく、テキストでシーンの詳細を指示することで、より期待通りの結果が得られます。

POINT

▶ カメラコントロールの操作方法

1 Gen-3 Alpha Turboモデルを選択

カメラコントロールは本書執筆時点では「Gen-3 Alpha Turboモデル」でのみ使用可能です。画面左下のドロップダウンメニューからこのモデルを選択してください。

2 「Camera」を選択

画面左側のツールバーから「Camera」を選択します。カメラコントロールのプロンプト画面に移動します。この画面では以下の操作が可能です：

- 画像のアップロード
- テキストプロンプトの入力
- コントロール値の設定

▶ カメラコントロールの移動方向

カメラコントロールには6つの移動方向のオプションがあり、さらに「Static Camera（静止カメラ）」チェックボックスをオンにすることで、カメラの動きを防ぐことができます。以下は各方向の詳細です。

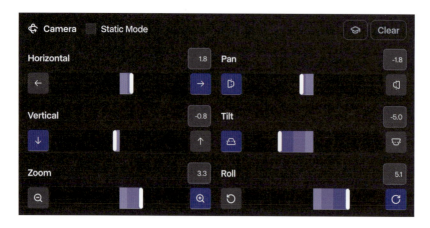

090　Part 1　基本編　▶　シンプルな動画を作成する

カメラの移動方向

Direction	動作	テキストでの指示	出力例
Horizontal （水平移動）	カメラが左右に移動します。	camera glides right	
Vertical （垂直移動）	カメラが上下に移動します。	camera slightly glides up	
Pan （パン）	カメラが固定された位置から水平に回転します。	camera pans to position directly in front of the woman	
Tilt （ティルト）	カメラが固定された位置で上下に傾きます。	camera tilts to an upwards angle	
Zoom （ズーム）	カメラが焦点から近づいたり遠ざかったりします。	camera zooms out	
Roll （ロール）	カメラが固定された位置で左右に傾きます。	camera rotates to the right while maintaining focus on the subject	

Chapter 3 ▶ 動画を生成しよう：Runway編　091

▶ 複数のコントロールの組み合わせ例

Panと Horizontalの
組み合わせ

（例）
Pan：-5.1
Horizontal：-5

人の周りを水平方向にカメラが移動する動き

ZoomとRollを
組み合わせ

（例）
Roll：8.2
Zoom：-8.4

カメラを右垂直方向に傾けながら後退（ズームアウト）する動き

これらを活用することで、複雑でダイナミックなカメラ動作を実現できます。

POINT

Static Camera（静止カメラ）について
「Static Camera」チェックボックスをオンにすると、出力動画でカメラの動きを抑えることができます。

▶ カメラコントロールとテキストプロンプトの合わせ技

テキストプロンプトは必須ではありませんが、カメラコントロールを使用することで、より高い効果が得られます。たとえば、カメラ操作がイメージにより忠実になり、**動きの精度向上**につながります。

▶ 意図した結果を実現

特に、カメラコントロール値を高く設定した場合に役立ちます。

Direction, Value	Text Prompt	Output
Zoom: -10	(none)	カメラだけズームアウト
Zoom: -10	The camera zooms out. Subject is surrounded by meadows and sunflowers. カメラがズームアウト。被写体の周りには草原とひまわり	カメラはズームアウトで新しく形式を追加
Zoom: -10	the camera zooms out as the subject begins running towards the camera. 被写体がカメラに向かって走り始めると、カメラはズームアウトします。	カメラはズームアウト、被写体がカメラに向かって走る

Chapter 3 ▶ 動画を生成しよう：Runway編

▶ 効果的なプロンプトの例

強調ズームアウトを行う
最後のシーンを説明するプロンプトを追加すると効果的です。

「カメラがズームアウトすると、遠くに海が現れます。」

> プロンプト例
>
> When the camera zooms out, the ocean appears in the distance.

被写体やシーンの動きを指示する
キャラクターや背景の動きについて具体的に指示するプロンプトを追加できます

「カメラがズームアウトすると、女性はカメラに手を振ります。」

> プロンプト例
>
> When the camera zooms out, the woman waves at the camera.

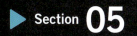

Section 05　Chapter 3　動画を生成しよう：Runway編

生成した動画を更に拡張できる便利機能

Runwayでは、生成した動画のサイズを変更したり、キャラクターに音声を追加するといった編集も可能です。このSectionでは、それらの便利な拡張機能を紹介します。

▶ 動画を拡張して比率を変える / Expand Video

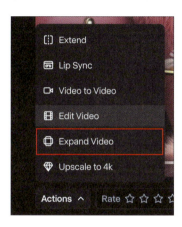

Expand Videoは、既存の動画を新たなフォーマットに変換し、再構築する革新的なツールです。動画の端を「拡張」することで、必要な情報を残しつつ、新しいフォーマットに適した動画を生成します。

端の部分が新たに生成されている

▶ キャラクターを喋らせる / Lip Sync

Lip Syncはテキスト読み上げスクリプトやアップロードした音声を、選択した写真や動画と同期させてアニメーション化するツールです。読み上げをするAI音声も用意されています。

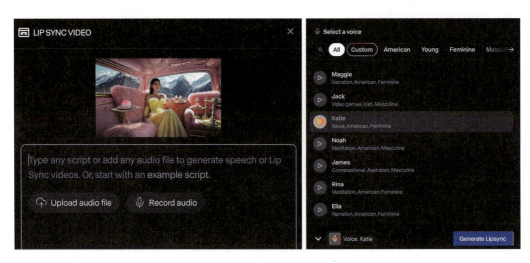

▶ 動画を4Kに変換する / Upscale 4k

生成した動画の解像度を引き上げて、**4K解像度（5120×3072）**に変換することができます。

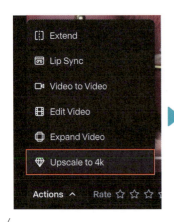

COLUMN

生成AI時代のクリエイターガイドライン：安全で安心な創作を目指して

生成AIはクリエイティブな分野で新しい可能性を広げるツールとして注目されています。ただ、その便利さの一方で、適切な利用が求められる倫理的・法的な課題も存在します。ここでは、経済産業省と総務省が発表したガイドラインを元に、クリエイターが生成AIを使うときのポイントを簡単に説明します。

生成AIの魅力と気をつけたいこと
生成AIは、画像、音声、動画、テキストなどを自動で作れる便利な技術です。これにより、クリエイターの仕事を効率化したり、新しい表現が可能になったりします。ただし、以下の注意点もあります。

1. 著作権やデータ利用の問題
生成AIが使用する学習データにおける著作権やデータ提供者の権利を侵害しないようにする必要があります。AIが生成した作品が既存のアートや写真に類似してしまう場合、意図せず権利侵害につながる可能性があるため、利用契約や公開範囲を明確に定めることが重要です。

2. 偏りや差別のリスク
偏見や差別のリスクも存在します。学習データに基づく偏った生成結果が出力される可能性があるため、公平性と多様性を意識することが求められます。たとえば、人物画像生成において特定の性別や人種ばかりを強調した出力が行われる場合があります。

3. 透明性の確保
コンテンツがAIによって生成されたものであることを明示し、受け手に誤解を与えないようにする必要があります。たとえば、AI生成のポスターが手描きの作品と誤解されると、制作過程に対する誤解を招くことがあります。

生成AIとクリエイティブ業界の未来
生成AIは、クリエイターに新たな可能性を提供すると同時に、責任ある利用を求めています。この技術を最大限に活用するためには、技術の特性を理解し、ガイドラインを遵守することが不可欠です。透明性と倫理性を重視することで、クリエイティブ業界における信頼を高め、持続可能な創作活動を実現できるでしょう。
生成AIは道具であり、その使い方次第で未来を切り開く力を持っています。クリエイターとしての創造力と責任感を両立させることで、この新しい時代の表現をリードしていきましょう。

生成AIがもたらす未来
生成AIはクリエイターに新しいチャンスを与えますが、正しく使うことが大事です。この技術を最大限に活かすためには、ガイドラインを守り、倫理的に使うことが必要です。透明性を持ってAIを使うことで、見る人の信頼を得ながら、楽しく創作活動を続けられるでしょう。

生成AIの使い方次第で未来が変わります。クリエイターとして新しい表現を探求しながら、責任を持って生成AIを使っていきましょう。

●コンテンツ制作のための生成AI利活用ガイドブック／経済産業省
https://www.meti.go.jp/policy/mono_info_service/contents/aiguidebook.html

Part

1

基本編

シンプルな動画を
作成する

Chapter

4

動画を生成しよう：
Sora編

ChatGPTを開発したOpenAIが発表した動画生成AI「Sora」もまた、高品質な動画を生成できることで注目を集めています。このChapterでは、Soraの「Text to Video」（テキストから動画を生成）と「Image to Video」（画像を基に動画を生成）の機能を活用した動画の作り方について解説します。

Section 01　Chapter 4　動画を生成しよう：Sora編

Soraことはじめ

OpenAIが開発・提供する動画生成AIもまた、動画生成・編集機能を備えた強力な動画生成ツールです。この節では、まずはSoraの基礎知識として特徴や機能、使い方などを紹介します。

▶「Sora」の主な機能と特徴

「Sora」は、OpenAIが開発した最先端の動画生成AIモデルです。2024年2月に発表され、その性能の高さから多くの注目を集めました。そして、同年12月9日から一般利用が開始され、これまでにない動画制作の可能性を提供しています。

このAIは、入力されたテキストプロンプトを基に、リアルで高品質な動画を生成できるのが特徴です。特に現実のシーンをシミュレートする能力に優れており、映像制作の新たな道を切り開く技術として期待されています。

Sora（https://openai.com/sora/）

Soraは次のような多彩な機能を備え、クリエイターのアイデアを形にする強力なツールとなっています。

1. テキストから動画を生成：

ユーザーが入力したテキストプロンプトをもとに、**最大20秒間**（プランによって異なります）の高解像度動画を自動生成します。シンプルな操作でプロ仕様の映像が作れるのが魅力です。

2. 静止画のアニメーション化：

アップロードされた画像をもとに動画を作成可能。たとえば、1枚の写真から生き生きと動く映像を生み出すことができます。

3. 既存動画のリミックス：

既存の動画にテキスト指示を加えることで、新しいスタイルや内容に変換。独自の映像表現を簡単に実現できます。

4. ストーリーボード機能：

複数のテキストプロンプトを組み合わせ、連続したシーンをもつストーリー性のある動画を作成します。短編映画やプレゼン動画の制作にも活用可能です。

5. シーンのブレンド：

異なるシーンをAIが自然に融合し、一貫性のある映像を生成します。シームレスな切り替えにより、よりプロフェッショナルな仕上がりを実現します。

▶ Sora の料金プラン

Sora は ChatGPT のプランに含まれています。本書執筆時点では、Soraは有料プラン（Plus、Pro）のみで利用可能になっています。

プラン	ChatGPT Plus	ChatGPT Pro
月額	$20 / 月	$200 / 月
クレジット	1,000	10,000
解像度	720p / 480p	1080p / 720p / 480p
動画秒数	5秒・10秒	5秒・10秒・15秒・20秒
透かし	あり	透かしなしでダウンロード

*最新情報は公式サイトを確認してください。

▶ 商用利用の可能性

OpenAI が提供するサービスの利用規約には、生成したコンテンツの所有権が利用者に帰属すると記載されています。Soraにもこの規約が適用されるため、利用規約の範囲内で商用利用が可能です。

ただし、実際に商用利用を検討する際は、利用規約や適用される法律を確認するようにしましょう。特に、生成コンテンツが他者の著作権や商標権、知的財産を侵害していないか注意が必要です。

Soraはエンターテインメントやマーケティング分野において革新的な可能性を秘めており、特に次のようなメリットが期待されています。

- **制作コストの削減：**
  高価な撮影やロケーション手配を必要とせず、デジタルでシーンを迅速に作成可能です。

- **映像制作の効率化：**
  短期間で高品質な映像を生成できるため、プロジェクト全体のスピードアップが図れます。
  実際に、ハリウッドの著名な監督たちには、「Sora」の先行利用権が与えられていたことが判明しており、映画業界でもその活用が進んでいることを示唆しています。これにより、未来の映像制作プロセスがさらに進化し、クリエイティブの幅が広がることが期待されています。

Chapter 4 ▶ 動画を生成しよう：Sora編　101

▶ 利用可能地域

米国をはじめとする多くの国で利用可能となっています。ただし、現在のところ**欧州連合（EU）**、**スイス、英国**では利用が制限されており、これらの地域での提供は将来的な展開が予定されています。これにより、地域ごとの法規制や倫理的な懸念への対応も進められていることが伺えます。

▶ Soraの登録方法

まずはSoraの登録方法を紹介します。なお、Soraは本書執筆時点では**ChatGPTの有料プラン（Plus、Pro）**で提供されています。

1 公式サイトにアクセス
OpenAIのSora公式サイトにアクセスし、右上の「Start now」をクリックします。

OpenAI「Sora」公式サイト（https://openai.com/sora/）。アカウントを作成するには「Start now」をクリック

2 アカウントの作成（またはログイン）

ChatGPTのアカウントがある方は新規アカウント登録は不要です。「すでにアカウントをお持ちですか？ログイン」の「ログイン」の部分をクリックしてログイン画面に移動し、ChatGPTのアカウントを使ってログインしてください。

ChatGPTのアカウント登録がない方は、新規のアカウントの作成が必要です。メールアドレス入力欄にメールアドレスを入力し「続行」（英語表記になっている場合は「Next」）をクリックしてください。なお、Google や Microsoft、Apple のアカウントを利用することもできます。その場合は下側にある「Googleで続行」「Microsoftアカウントで続行」「Appleで続行」から該当のものをクリックして進めてください。

3 生年月日の入力

「生年月日」の入力を求められます。入力欄に自身の生年月日を入力してください。なお、本書執筆時点では「日付（2桁）/月（2桁）/年（4桁）」の順で入力する形式になっています。たとえば2000年1月1日生まれなら「01/01/2000」と入力します。入力したら「Next」をクリックします。

生年月日の入力画面

4 ChatGPTのプランを選択

先述の通り、Soraは現時点ではChatGPTのPlus（月額20ドル）、Pro（月額200ドル）で提供されています。プランを選択して下側の「Get［プラン名］」ボタンをクリックしてください。

なお、すでにChatGPTの有料プランを利用中の方は、利用中のプランの下側のボタンが「Continue」になっています。「Continue」をクリックするとSoraが使用できるようになります。Soraを追加することによる追加料金はありません。

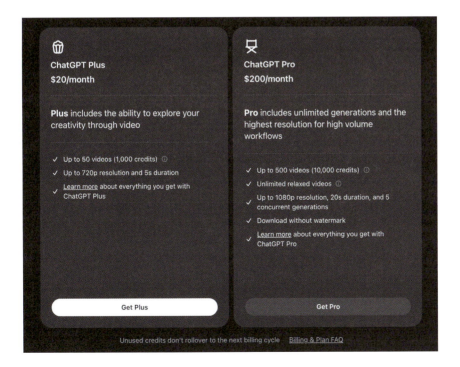

Chapter 4 ▶ 動画を生成しよう：Sora編　103

▶ **Soraの操作ガイド：各セクションの機能と活用法**

▶ **メニューバー：Explore（探索）セクションのメニュー**

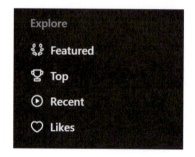

Featured（特集）
特に優れた作品がピックアップされて紹介されています。ここから気に入った動画やプロンプトを探し、自分の作品制作に活かすのがおすすめです。トップクリエイターの表現方法を学ぶこともできます。

Top（トップ）
世界中のユーザーが作成し公開している動画の人気上位が一覧で表示されます。デイリー、週間、月間、年間、Sora提供開始以降全期間それぞれのトップ動画たちを一望でき、どんな動画が人気なのかを知ることができます。

Recent（最近）
世界中のユーザーが最近作成した動画作品が一覧で表示されます。最新のトレンドや他のクリエイターのアイデアをチェックし、インスピレーションを得るのに最適です。

Likes（いいね）
「Recent」や「Featured」で見つけたお気に入りの作品を保存できます。画面右上のボタンをクリックすることで「Saved」に追加されます。気になった作品をすぐに保存し、後から見返したり、参考にしたりすることができます。

▶ **メニューバー：Library（図書館）セクションのメニュー**

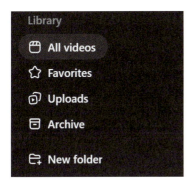

All videos（すべての動画）
これまでに自分が作成したすべての動画が一覧表示されます。自分の制作した動画を振り返り、進化や改善点を確認するのに役立ちます。

Favorites（お気に入り）
自分が作成した動画の中からお気に入りのものを選び、画面右上のボタンをクリックすると「Favorites」に登録されます。特に気に入った動画をピン留めすることで、後から素早く確認でき、共有や再編集にも便利です。

Uploads（アップロード）
動画生成の元になる画像や動画をアップロードすると、ここに一覧として表示されます。
過去にアップロードした画像を再利用したい場合や、どの画像を使用したか確認したいときに活用します。

Archive（アーカイブ）
生成した動画の保管庫です。過去に作成した古い動画や使用しなくなったものをアーカイブに移動してメインのライブラリを整理したりするのに活用します。

NewFolder（新しいフォルダ）
「New Folder」から新しいフォルダを作成し、動画を整理・管理することができます。
必要に応じてフォルダを作成し、任意の動画を分類しましょう。
フォルダ名を工夫してプロジェクトやテーマごとに整理すると、目的の動画にすぐアクセスでき、管理が効率的になります。

▶ プロンプト入力欄

右側のスペース下側にある「Describe your video」（動画について説明してください）と書かれた枠の部分がプロンプト入力欄です。ここに作成したい動画の説明（プロンプト）を入力し、下側の右端にある生成ボタン（上向きの矢印のボタン）をクリックすると動画生成が始まります。

画像または動画をアップロードできます。または Library にある過去にアップロードした画像や動画を利用することもできます。

プリセット（あらかじめ用意されているテーマ、カメラ設定、照明、色調などの設定（プロンプト））を利用することができます。初期設定では「None」（なし）、「Archival」（アーカイブ）、「Film Noir」（フィルム・ノアール）、「Cardboard&Papercraft」（段ボールとペーパークラフト）、「Whimsical Stop Motion」（気まぐれなストップモーション）、「Baloon World」（バルーンワールド）が用意されており、デフォルトでは「None」が設定されています。

- Archival：粒子が粗くコントラストの高い、古い映画のような雰囲気の映像になります。
- Film Noir：白黒の映像になります。
- Cardboard&Papercraft：要素（キャラクター、オブジェクト、風景など）を段ボール、紙、糊で作られたものに変換し、段ボールやペーパークラフトを使ったアニメーションのような動画になります。
- Whimsical Stop Motion：ストップモーションアニメ（コマ撮りのアニメーション作品）のような動画になります。
- Baloon World：キャラクター、オブジェクト、環境などの要素が風船のように膨らんで見えるユニークな動画になります。

プリセットメニューの「Manage」から管理画面を開くと、各プリセットの設定内容を見ることができます。プロンプトを作る際の勉強にもなるので、気になる方はぜひ確認してみてください。「＋」ボタンで独自のプリセットを作成して登録しておくこともできるので、よく使う設定や過去にうまくいった設定などを登録しておくと便利です。

9:16	画面比率を設定できます。アスペクト比を16:9、1:1、9:16の中から指定します。
1080p	画質（解像度）を設定できます。選択肢には480p, 720p, 1080pが用意されていますが、本書執筆時点では1080pはProプランのみが使用可能です。
10s	動画の長さを選択できます。選択肢には5秒、10秒、15秒、20秒が用意されていますが、本書執筆時点では15秒と20秒はProプランのみ使用可能になっています。
1v	動画の生成数（単一のプロンプトでの同時生成数）を1本、2本、4本から選択できます。
Storyboard	「ストーリーボード」は、タイムライン形式で各シーンを視覚的に確認しながら設定できる機能です。詳細はSection03「ストーリーボード」をご参照ください。

▶ Soraの設定画面

右上のユーザーアイコンをクリックして表示されるメニューから「Setting」を選択すると、Setting画面が開きます。Settingには一般的な設定「General」と現在の利用状況やプランを確認できる「My Plan」という項目があり、初期画面は「General」が表示されています。

▶ General

ユーザーネーム（Username）の編集、登録しているメールアドレスの確認、画面のテーマ選択、作ったデータを学習に使うかどうか、そして公開するかどうかを設定できます。

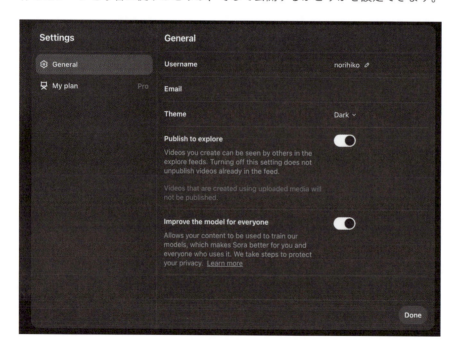

ここでは、特に重要な「Publish to explore」(公開して探索する)と「Improve the model for everyone」(すべての人のためにモデルを改善する)について説明します。

Publish to explore

オンにした場合、生成した動画は、Explore feedsで他の人が見られるようになります。すでに表示されている動画に関しては、こちらの設定をオフにしても非公開にはなりませんのでご注意ください。
デフォルトではオンになっているので、公開したくない場合はオフに切り替えましょう。

Improve the model for everyone

オンにした場合、生成した動画をモデルの学習に利用することを許可することになります。デフォルトではオンになっています。
プライバシー保護のためにも学習データとして使われたくないという場合はオフにしてください。

▶ My plan

現在の利用状況やプランを確認できます。画面下部にある「Manage Plan」ボタンから、契約プランの変更が行えます(ボタンをクリックするとプラン選択ページに移動します)。たとえばPlusプランの場合は次のような項目が記載されています。

- Credits(クレジット):クレジットの残数と、クレジットがリセットされる日程が記載されています。
- Max concurrent generations(最大同時生成数):同時に生成できる動画の最大数が記載されています。なお、ここでの生成数は動画生成時に設定できるバリエーション数(同じプロンプトでバリエーションを生成)ではなく、別のプロジェクトや別のプロンプトで同時に生成できる数を意味します。
- Max video duration(動画の最大再生時間):生成できる動画長の最大時間が記載されています。
- Max resolution(最大解像度):生成できる動画の最大解像度が記載されています。

PlusプランのMy Plan画面

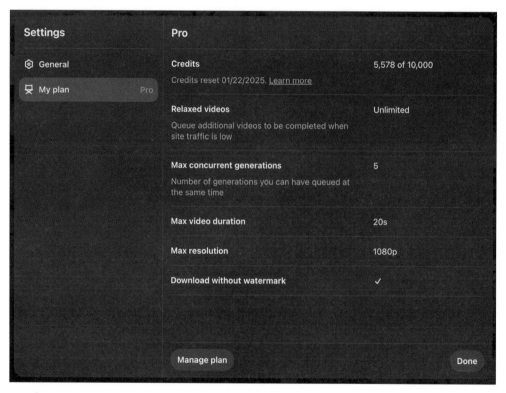

ProプランのMy Plan画面

Section 02　Chapter 4　動画を生成しよう：Sora編

動画の生成方法の基本

前節ではメニューや機能など、基本的な知識を紹介しました。このSectionでは、Soraでの動画生成の基本として、まずはテキストから動画を生成する方法、プロンプト作成のコツなどを解説していきます。

ここからは、実際に動画を生成する方法を紹介していきます。

▶ **テキストから動画を生成**

画面下の「Describe your video...」に生成したい動画の説明を入力します。

動画の説明（テキストプロンプト）を入力

POINT

プロンプトは日本語より英語がおすすめ
Soraは日本語入力に対応しているので、日本語のプロンプトでも十分な結果を得られますが、英語で指示を出すことで、より精度の高い動画を生成できる可能性があります。
Soraで理想の動画を作るには、プロンプトの書き方がとても重要です。プロンプトが具体的で的確であるほど、生成される動画は期待に近いものになります。

Prompt 走るペンギン

▶ **プロンプトのコツ**

プロンプトを作成する際は、「どこで」「誰が」「何をしているか」をはっきり書くことが重要です。状況を具体的に示すことで、AIがよりイメージに近い映像を生成しやすくなります。

> **良い例**
>
> A penguin is running on the road in Shibuya
> ＊日本語訳：渋谷の車道をペンギンが走っている

▶ カメラワークをプロンプトで指示する

Soraでは、プロンプトでカメラワークを具体的に指示することができます。視点やカメラの動きを詳細に指定することで、より臨場感のある映像を生成することが可能です。

> **タイムラプスを使用した撮影**
>
> The starry sky was photographed at a wide angle, and *a time-lapse effect* of the diurnal movement centered around the North Star was added.
> ＊日本語訳：星空を広角で撮影し、北極星を中心とした日周運動のタイムラプス効果を加えました。

> **ドローンを使用した撮影**
>
> **A drone shoots** a car driving along the coast and transitions to a *bird's-eye view*.
> ＊日本語訳：海岸沿いを走行する車を**ドローンが撮影**、*俯瞰ショット*

カメラワークの指示を使いこなせば、臨場感や迫力のあるハイクオリティな動画が生成されやすくなります。

Section 03　Chapter 4　動画を生成しよう：Sora編

ストーリーボード

ストーリーボードの機能を使うと、タイムライン形式で各シーンを視覚的に確認しながら設定することが可能になります。このSectionではストーリーボードの使い方を説明します。

ストーリーボードを使うと、視覚的に確認しながらシーンの順序や内容を細かく調整でき、完成度の高い動画制作が実現できます。そして最大の魅力は、簡単なテーマを入力するだけで、AIが自動的にシーンの展開やプロンプトを生成してくれる点です。これにより、これまで経験豊富なクリエイターでなければ難しかった「映像の流れ作り」を、誰でも手軽に行えるようになりました。この機能をうまく使って、クオリティの高い動画を制作しましょう！

▶ ストーリーボードの使い方

まずは、ストーリーボードの基本的な操作方法を説明します。

1　Storyboardの作成画面を開く
「Storyboard」ボタンをクリックすると、ストーリーボードの作成画面が開きます。

2　キャプションカードに説明文（キャプション）を入力
キャプションカード内に、そのシーンで再現したい内容をテキストで入力します（「+」ボタンで画像や動画をアップロードすることもできます）。なお、左下に表示されている数字はタイムコードです。

3　説明文の拡張
テキストを入力すると、右下にある「+」ボタンが鉛筆マークに変わります。これは「Expand Caption」（キャプション拡張）ボタンで、クリックするとプロンプトをより効果的な形に自動的に調整してくれます。

4 キャプションカードの追加

画面下部にあるタイムラインをクリックすると、キャプションカードを追加できます。

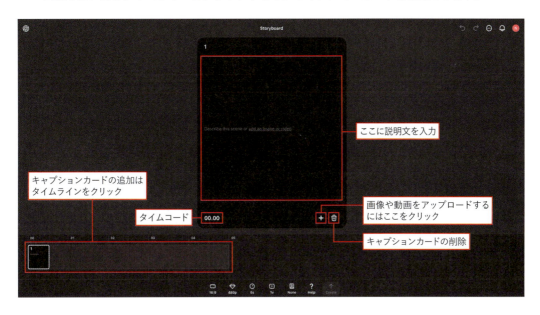

▶ ストーリーボードを作成してみよう

それでは、実際にストーリーボードを作成してみましょう。今回は例として、散歩をしている犬が芝生で寝転ぶ動画を作ってみることにします。

1 シーン1（時間0秒）のキャプションカードを作成

❶ キャプションカードにプロンプトを入力します（日本語の入力でかまいません）。

プロンプト例

犬が公園を散歩している

❷ 右下の鉛筆マーク（Expand Captionボタン）をクリックします。すると、プロンプトが調整されます。以下は私が実行した時に生成されたプロンプトです。

Expand Captionにより調整されたプロンプト

the image quality is vibrant with natural tones, creating a calm and peaceful atmosphere. the view captures a dog on a leisurely walk through a park. patches of sunlight filter through the canopy, casting dappled light on the lush greens of the grass and surrounding trees. the dog, with its fur highlighted by the morning sun, is shown trotting down the well-worn path with curiosity and energy. leaves scattered along the path rustle under its paws, while the gentle breeze adds liveliness to the scene. the surroundings are serene and inviting, framing the scene with a backdrop of gently swaying bushes and flowers. the park's ambiance is peaceful, a refuge within an urban landscape, highlighted by the calm air and tranquility.

＊日本語訳：画像の品質は鮮やかで自然な色合いが際立ち、穏やかで平和な雰囲気を作り出しています。公園でゆっくり散歩をする犬の姿が描かれています。木々の間から差し込む陽の光が草や周囲の木々にまだら模様の光を落とし、緑豊かな景色を照らしています。朝日に照らされた犬の毛並みが輝き、興味津々とした様子でエネルギッシュに歩道を歩いています。道に散らばる葉が犬の足元でカサカサと音を立て、穏やかな風がシーンに生き生きとした動きを加えています。周囲にはゆったりと揺れる茂みや花々があり、景色を穏やかに引き立てています。この公園の雰囲気は静けさに包まれ、都市の中にある憩いの場として、穏やかで落ち着いた空気感が際立っています。

鉛筆マークをクリック

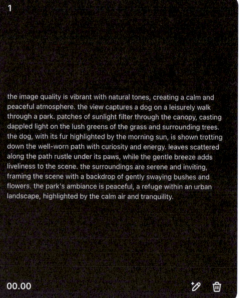

2 シーン2（時間2秒）のキャプションカードを作成

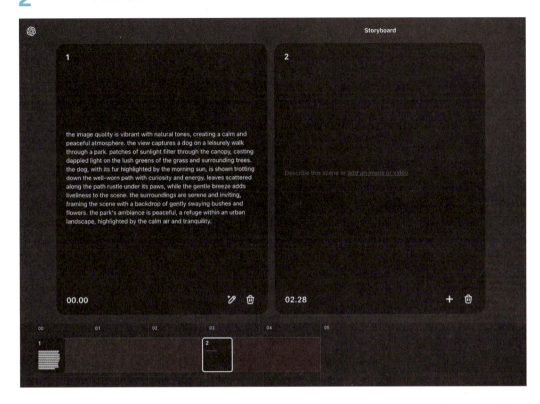

❶画面下部のタイムラインの「02」（2秒）のところをクリックします。すると、新たなキャプションカードが追加されます。
❷キャプションカードにプロンプトを入力します。

> **プロンプト例**
>
> 犬が芝生で寝転ぶ

❸右下の鉛筆マーク（Expand Captionボタン）をクリックし、入力したプロンプトを自動調整します。以下は私が実行した際に出力されたプロンプトです。

> **Expand Captionにより調整されたプロンプト**
>
> the image quality is vibrant with natural tones, emphasizing the serene and tranquil setting. a different view captures the same dog at rest, lying comfortably on a patch of sunlight-filtered grass. its fur is slightly tousled, bathed in warmth from the scattered rays of sun breaking through the tree canopy. the lush greenery surrounds the dog, creating a soothing atmosphere that contrasts with its energetic trot from earlier. a gentle breeze continues to

animate the park, rustling leaves and swaying bushes, preserving the inviting calm and peace within this urban oasis.

＊日本語訳：画像の品質は鮮やかで自然な色合いが際立ち、穏やかで静かな情景を強調しています。別の視点では、同じ犬が草の上で休んでいる姿が描かれています。木々の間から差し込む光がフィルターのように柔らかく降り注ぎ、犬はその暖かな日差しに包まれて、心地よさそうに横たわっています。少し乱れた毛並みが日の光を受けて温もりを帯び、先ほどの元気な足取りとは対照的な、落ち着いた雰囲気を醸し出しています。豊かな緑に囲まれたその姿は、見る人に癒しを与えます。公園には穏やかな風が吹き続け、葉を揺らし、茂みをそよがせながら、都会の中にあるこの静かなオアシスの魅力的な平和と安らぎを保っています。

3　動画を生成する

画像サイズ、解像度、動画長、バリエーション数、プリセットを設定し、「Create」をクリックします。以上で生成が始まります。

4　生成された動画を確認

生成された動画はLibraryのAll Videoで確認できます。

生成された動画。公園を歩く犬が、芝生に入り寝転ぶシーンが再現された

Section 04　Chapter 4　動画を生成しよう：Sora編

生成動画を拡張する

Soraには、生成した動画の一部を活用して新たな動画を作ったり、スタイルを変えるなど様々な拡張ができる機能が用意されています。このSectionでは、それらの拡張機能を紹介します。

Soraには、生成した画像を拡張する4つの機能「Re-cut」「Remix」「Blend」「Loop」が用意されています（本書執筆時点）。各機能の役割を1つ1つ解説していきます。

▶ Re-cut機能

Re-cut機能とは、Sora上で一度生成した動画の特定の部分を切り出し、その部分を別の長さに「引き伸ばす」ことで新しい映像を作り直す機能です。元の映像を一部分だけ使用し、それ以外の区間はAIによる補完で映像を生成するため、動画の演出を大きく変えることができます。

たとえば、5秒の動画のうち1秒分を切り出し、再度5秒の長さに「引き伸ばす」ような使い方が可能です。以下は花火の動画をRe-cutで2秒～3秒部分だけを残し、1～2秒、3～5秒を再生成した例です。

Re-cutを行う前の動画

1秒、2秒、5秒の各シーン

Re-cutで2秒〜3秒部分だけを残す

1〜2秒、3〜5秒を再生成した動画の1秒、3秒、5秒のシーン。3秒以外の部分が新たな動画に変更されている

このように、ちょっとした演出変更や不要シーンの除去などを効率的に行えるので、動画制作の幅が大きく広がります。

▶ Remix機能

Remix機能は、既存の動画や画像に対して新たなスタイル・要素・テイストなどを付加・変更し、AIによって"別の作品"として再生成する機能です。元の素材を活かしつつ、たとえば以下のような変更が可能になります。

- 画風やテイストの変更：たとえば油絵風・アニメ風・ファンタジー風などにスタイル変換。
- 背景やオブジェクトの追加・変更：背景を全く別の景色に差し替えたり、新たなキャラクターやモチーフを追加したり。
- 演出や動きの再編集：元の動画の構成を保ちつつ、色味やアニメーションの要素を加えて印象を変える。

AIが元の映像の構造や雰囲気を理解しつつ、ユーザーの指示やスタイル設定に従って別のアプローチで再生成してくれる点が特長です。以下は、動画の被写体のピンク色の髪をRemix機能で青色に変更する例です。

Remix前の動画

Remix画面のプロンプトに「replace pink hair with blue」と指示します。「Remix Strength」設定でどのくらい影響の強さも選択できます。影響の強い順に「Strong」「Mild」「Subtle」「Custom」の4つのレベルが用意されています。「Custom」を選択すると、更に細分化された8つのレベルから設定できます。例えばStrongとMildの中間なども設定可能です。

「Custom」の設定メニュー

Strong　　　　　　　　　　　　Subtle

左は影響度の強い「Strong」、右は影響度の低い「Subtle」によるRemix結果

既存の映像や画像をまったく別の世界観やテイストに変換でき、クリエイティブな幅を大きく広げることができます。

▶ Blend機能

Blend機能は、2つの動画クリップ、もしくは異なるスタイル・要素を「ブレンド（融合）」して、新たなビジュアル表現を作り出す機能です。AIが素材を解析し、それぞれの特徴を組み合わせながら再生成するため、次のような活用例が考えられます。

- 二つの動画をミックスして、一体感のある映像を創出
- 異なるスタイル（例：写実×アニメ）を合成して、新しい表現に仕上げる

あまりにも内容や構図がかけ離れた素材をブレンドすると不自然な結果になることもあり、共通点や類似するポイントを持った素材を選ぶと馴染みやすい傾向があります。

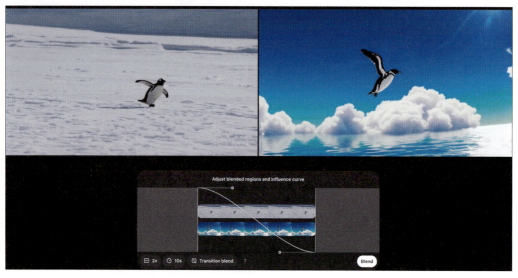

ペンギンが走っている動画と、ペンギンが空を飛ぶ動画をブレンド

ペンギンが勢いよく走り、羽ばたき、空を飛ぶ動画が生成された

ブレンドの比率も80:20や30:70など様々な配分を試すことができるので、個性的なブレンド比率を見つけましょう。

▶ Loop機能

Loop機能は、動画クリップを繰り返し再生しても途切れを感じさせず、スムーズに連続するように編集・再生成するための機能です。たとえば数秒の動画をループさせて背景映像やGIFアニメのように使う際に、動画のつなぎ目を自然にすることで、途切れのない永久ループを実現できます。

シームレスなつなぎ目の作成
人力では難しい「動画の冒頭と終端が自然につながる編集」を、AIの補完によってより簡単に行えます。

短尺素材の繰り返し再生に最適
- 数秒程度の背景動画や簡易アニメーションを延々とループさせたいときに役立ちます。
- SNSやWebサイトのヘッダー背景、プレゼン資料のループ動画など、幅広い使い道があります。

AIによる再生成・補完
ループ時に発生する「ブレ」や「音ズレ」などをAIが調整し、つなぎ目がわかりにくい映像を再生成してくれます。
操作方法も簡単で、ループの設定画面でループの開始位置と終了位置を指定し「Loop」ボタンをクリックすれば、指定した区間のループ動画が生成されます。ループの長さは「Short」（2秒）、「Normal」（4秒）、「Long」（6秒）から選択できます（本書執筆時点）。

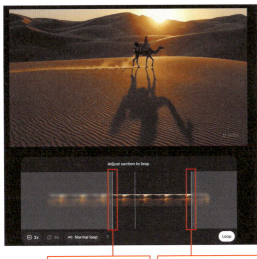

永遠に砂漠を歩くラクダを生成

ループの設定画面と出力結果

Section 05　Chapter 4　動画を生成しよう：Sora編

Image to Video

Soraはテキストからの生成だけでなく、静止画を使って動画を生成するImage to Videoや、動画を使ったVideo to Videoにも対応しています。このSectionでは、Image to Videoによる生成方法を解説します。

Soraは静止画からAIによって動画を生成する「Image to Video」の機能も備えています。たとえば1枚の写真しかない場合でも、SoraのAIエンジンが被写体の構造や背景を推定し、わずかな動き（ズーム、パン、パララックスなど）やシーン展開を付け加えて、新たに動きのある映像を作ることができます。

▶ 画像のアップロード

Image to Videoに使用する静止画のアップロード方法は2つあります。

- プロンプト欄の「＋」ボタンからアップロード
- LibraryのUploadsからアップロード

プロンプト欄の「＋」ボタンから直接アップロード
アップロードと同時にプロンプトに画像を入力する方法です。プロンプト欄の「＋」ボタンをクリックすると、2つの選択肢「Upload image or video」と「Choose frome library」が表示されます。「Upload image or video」を選択するとアップロードのダイアログボックスが開き、アップロードしたい画像ファイルを選択するとアップロードできます。

なお、「Choose frome library」を選択すると、LibraryのUploadsに保存されている過去にアップロードした画像や動画を使用できます。

LibraryのUploadsからアップロード

LibraryのUploadsに素材をアップロードしておき、動画生成の時にプロンプトでUploadsから動画を読み込みます。

❶左のLibraryセクションのメニューからUploadsをクリックし、アップロードした素材が保存されるUploads画面を開きます。
❷画面の上部にある「＋」マーク（Upload image or video）をクリックすると、アップロードのダイアログボックスが開き、アップロードしたい画像ファイルを選択するとアップロードできます。
❸動画を使用するときはプロンプトの「＋」ボタンで「Choose frome library」を選択し、Uploadsに保存されている素材の中から使いたいものを選択して読み込みます。

なお、いずれの方法でアップロードする場合も、初めてアップロードする際は「メディアアップロード契約」（Media upload agreemnet）への同意と「人物を収録したメディア」（Media containing people）に関する説明に対する了承を求められます。

メディアアップロード契約（Media upload agreemnet）

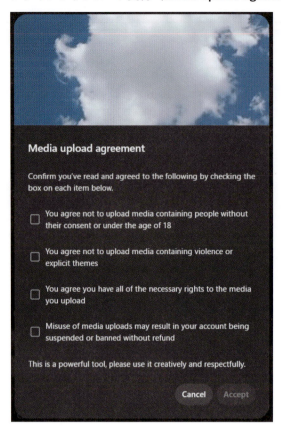

メディアアップロード契約には次の4つの同意項目があります（本書執筆時点）。

- 同意のない人物や18歳未満の人物を含むメディアをアップロードしないこと
- 暴力や露骨なテーマを含むメディアをアップロードしないこと
- アップロードするメディアに必要なすべての権利をアップロード者が保有していること
- メディアアップロードの不正使用は、返金を伴わないアカウント停止、またはバンされる可能性があること

メディアアップロード契約

「人物を収録したメディア」（Media containing people）

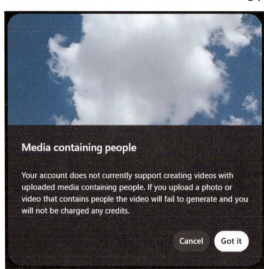

「人物を収録したメディア」（Media containing people）には次の説明が記載されています。

- 現在、アップロードした人物を含むメディアを使用した動画の作成をサポートしていないこと
- 人物を含む写真や動画をアップロードすると、動画は生成されず、クレジットも消費されないこと

人物を収録したメディアに関する説明

▶ 動画の生成

画像をアップロードしたら、後の操作はText to Videoとほとんど同じです。必要に応じてプロンプトに生成したい動画の説明テキストを入力し、プリセット（プリセットを利用しない場合はデフォルトの「None」のままでOKです）、アスペクト比、解像度、動画長、生成するバリエーション数を設定したら、生成ボタン（上向きの矢印のボタン）をクリックします。

以上の操作で画像から動画を生成することができます。

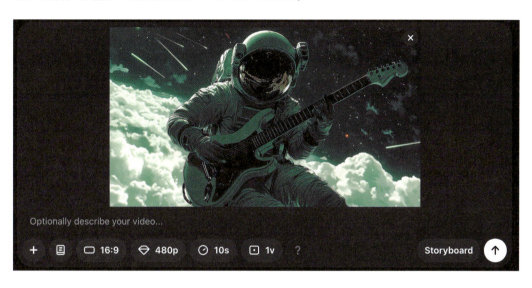

▶ Image to Videoの上手な使用方法

▶ 解像度の高い画像を用意する

元画像が高画質ほどAIが細部を推定しやすく、自然で滑らかなアニメーションを生成しやすいです。

- **被写体の配置や奥行きを考慮する：**
  人物が背景と重なっている場合、AIが境界を誤って判断することもあるため、余白やコントラストのはっきりした画像を選ぶとキレイな結果になりやすいです。

- **追加生成には複数回のトライが必要：**
  "想像シーン"を拡張する機能は非常にクリエイティブですが、その分AIが自由に描写を広げるため、意図しない表現になることも。複数回試しつつ、パラメータを調整しましょう。

SoraのImage to video機能は、1枚の画像をベースにAIが動きを補完し、短い動画クリップとして出力してくれる便利な機能です。写真しかない段階でも魅力的な映像を手軽に作れるため、SNS投稿や広告動画、スライドショーの演出など、さまざまなシーンで活用できます。

AIを使ったCM制作

COLUMN

近年、生成系AIや機械学習がめざましく発展し、広告業界ではこれらの技術を活用した新しい表現方法や戦略が次々と登場しています。特にWebCM制作の分野では、AIを使ってクリエイティブのアイデアを生み出したり、制作のプロセスを効率化したりする取り組みが期待されています。

CM制作の分野でも、AIは企画から編集、配信まで幅広く活用され始めています。たとえば、大量のデータを使ったターゲット選定や、生成系AIを使ったスピーディーなアイデア出しによって、これまでにない効率化と新しいクリエイティビティが期待できます。

一方で、クリエイターや広告主の「人間ならではの感性」や「社会的責任」を、AIとどう共存させるかという課題もあります。AIのバイアスへの対処、権利関係の整理、組織体制の整備などを適切に行いながら、AIを上手に取り入れることで、"新しいCMの表現"の可能性をさらに広げていくことが期待されています。

▶AIで作るCMのメリットとデメリット

＜メリット＞

コスト削減
- 俳優や撮影スタッフ、撮影場所などの実写撮影に伴う大きなコストを削減できる。
- クリエイティブ工程の一部を自動化することで、人件費や制作費の圧縮が可能。

制作スピードの速さ
- 撮影日程の調整やロケ地の手配などが不要なため、アイデアを思い付いてから映像化までのスピードが速い。
- 修正や差し替えも、AIで生成した素材を再度生成し直すだけで済む場合が多く、素早いフィードバックループを回せる。

柔軟なクリエイティブ表現

- 現実では不可能・撮影困難な場所、幻想的な表現やキャラクターを自由に作り出せる。
- ターゲットごとに異なる映像やメッセージを瞬時に大量生成するようなパーソナライズにも対応しやすい。

リスク軽減

- 撮影現場での事故リスク、出演者への体調不良などによるスケジュール変更リスクを減らせる。
- 物理的な準備や当日の天候に左右されない。

＜デメリット＞

表現の制限やクオリティの差

- 現状の生成AIでは、超高精細な表情の自然さや複雑な動きを実写以上に再現するのが難しい場合もある。
- AIによる画像や映像は、どこか不自然になったり、細部に不備（指や背景の崩れなど）が生じるリスクがある。

オリジナリティや独創性の担保

- AIモデルが学習した過去のデータに依存しているため、どうしても既存のイメージやスタイルに近くなる傾向があり、クリエイター側の狙う唯一無二の表現が難しい場合がある。
- モデルの学習データに著作権や肖像権の問題が潜むリスクがある。

著作権・肖像権の問題

- 生成物が学習元のデータに類似している場合、権利関係の問題が発生する可能性がある。
- フェイク映像・フェイク音声など、本人が発言していない内容を言ったかのように見せるリスクがある。

ブランドイメージへの影響

- AIを用いた映像に対して否定的な印象を持つ消費者もおり、品質や信頼性の面で、企業ブランドと合わないと判断される場合がある。
- "人間味"や"リアリティ"といった要素を重要視する企業・ターゲット層には不向きな場合も。

　AIで作るCMは、コストや時間を抑えながら大量のバリエーションを生成しやすく、自由な発想で非現実的な表現や高度なパーソナライズを行いたい場合に効果的です。一方で、リアルな表情や圧倒的なクオリティ、ブランドや視聴者の感情に強く訴えたい場合には、まだ技術的ハードルやイメージ上のリスクがあります。

　最終的には、CMの目的（ターゲット、訴求ポイント、ブランド方針）や制作予算、スケジュール、企業のクリエイティブ戦略に応じて、どのようにAIを活用するか選択をしていくことが重要になります。

Part

2

応用編

本格的な動画を
作成する

Chapter

5

AIでCM動画を作ろう

前編となるPart1では、動画の素材となるハイクオリティな画像をAIで制作する方法や、RunwayやSoraといった生成AIによる短い動画の制作方法など、動画生成の基本を紹介してきました。後編となるPart2では、様々なツールを組み合わせてより本格的な動画を作成する方法を紹介していきます。このChapterでは、CM動画の制作方法を解説します。

Section 01　CM動画制作の基本ステップ

Chapter 5　AIでCM動画を作ろう

このSectionでは、まずはCM動画制作を始めるための前準備として、制作の流れの概要を紹介します。

AIを活用したCM動画の制作の流れには、大きく分けると次の4つのステップがあります。

- **Step.1　CMの企画作成**
  PRする対象、ターゲット、コンセプトとストーリーを具体的に決めて、動画の構成を練り上げていきます。

- **Step.2　素材の作成（生成）**
  動画の構成にあわせて、画像や音楽など必要な素材を制作（生成）します。

- **Step.3　動画生成**
  動画の構成にあわせて、必要なシーンの動画をStep2で作成した素材を使って制作（生成）します。

- **Step.4　動画編集**
  Step.3で制作した動画を統合・編集し、1つのCM動画に仕上げていきます。

| Step.1　CMの企画作成 |
| Step.2　素材の作成（生成） |
| Step.3　動画生成 |
| Step.4　動画編集 |

生成AIを活用してCM動画を作るステップ

「Step.4 動画編集」については「Chapter7 動画を仕上げよう：Adobe Premiere Proで統合・編集する」で解説するため、このChapterでは「Step.1 CMの企画制作」から「Step.3 動画生成」までを「美容液のCM」の制作の例を通じてじっくり解説していきます。

早速CM動画づくりにチャレンジしてみましょう！

Section 02 Chapter 5 AIでCM動画を作ろう

Step.1 CMの企画作成

今回はAIを活用したCM制作の企画作成について解説していきます。解説を参考にしながら、ぜひ、ご自身でもオリジナルのCM企画制作にチャレンジしてみてください。

▶ 企画段階で決める3つのこと

企画制作では、まず次の3つを決めます。

- PRする対象を決める
- 商品を訴求するターゲットを決める
- CMのコンセプトとストーリーを決める

▶ 1.PR対象を決める

まずはCMでPRする対象（商品など）を決めていきます。今回は「美容液」をテーマに進めていきますが、その他にも、たとえば缶コーヒーや香水、車といった身近なものだったり、花屋や着物屋といった店舗のCMを作ってみるのも楽しいのではないでしょうか。

▶ 2.ターゲットを決める

PR対象が決まったら、次に、それを利用する人はどんな人なのか、ターゲットを設定してみましょう。たとえば女性向け美容液であれば、美容に高い関心を持つ女性が利用者のコア層と考えられます。缶コーヒーなら新入社員の男性、着物屋なら年配の男性や成人式の女性など具体的な属性を設定すると、次に決めるコンセプトやストーリーが決めやすくなります。そしてその

ターゲットとなるようなキャラクターもしくは、そのターゲットが憧れるような人物像をCMのキャラクターとして使用していきます。

▶ 3. コンセプトとストーリー

CMのコンセプトとストーリーの流れは非常に重要なので、制作に取り掛かる前に必ず決めておきましょう。ストーリーの大まかな流れを**ストーリーボード**として作っておくと便利です。

MEMO

一般的なCMの企画とは？
CMの企画とは、企業の商品・サービスの魅力を最大限に引き出し、どんなメッセージをどのように表現するかを考える仕事です。広告代理店のクリエイティブディレクターやCMプランナー、アートディレクターが担当し、商品の魅力や演出の構成、ターゲットなどを検討します。具体的な制作の流れとしては、打ち合わせから始まり、企画作成・絵コンテ制作・キャスティング・撮影・編集・考査・放送枠の決定と進んでいきます。

▶ ストーリーボード

CMにおけるストーリーボードは<mark>「頭の中のアイデアを、誰にでもわかるように視覚化し、撮影や編集に活かせる設計図」のような役割を持つツール</mark>です。これをもとに撮影や編集が進められるため、最終的なCMの品質やメッセージの統一感に大きく影響します。
今回の美容液のCMは次のようなストーリーを想定しています。

今回のCMのストーリーは…
今回は、「美しい女性の秘密は、ホームケアで美容液を使っている。日々使用することで、さらに美しさに磨きがかかる」というストーリーに沿ってCMを作っていきます。

今回のストーリーボード

▶ 動画の構成を考える

具体的な構成を考えていきましょう。ストーリーボードを元に、8つのカットに分解してみます。次のCMのテーマと仕様で作っていきます：

- テーマ：「憧れの女性の秘密」
- CMの尺：30秒
- カット数：8
- 商品のコンセプトは「惜しみない贅沢と高級感」

▶ AIによるCMの構成作りのポイント

1. 被写体の大きさや構図を変える

AIで生成された画像や動画は似たような構図になることがあります。まずは意図的に構図を変えるように考えてください。構図の考え方は背景を見せたいのか、それとも人物の細かい表情の変化を見せたいのかなど、「見せたいもの」にあわせてサイズを変えていく必要があります。

2. アクションを入れる

AIでもここまで動かせるのかと驚かれるようなアクションを入れることを意識してください。美容液のボトルを持ち上げる、美容液を手に垂らすなど、こんな表現もできるのかと思ってもらえるアクションを加えていきましょう。

No.	イメージ	内容	動き
1		● 美しいイメージ ● ブランドロゴ	インパクトのあるカメラワーク
2		美容液のボトルを手にとる	カメラ画角は固定

136 　Part 2　応用編　▶　本格的な動画を作成する

No.	イメージ	内容	動き
3		スポイトから手に美容液を出す （贅沢感を演出するようにしっかりと量を出す）	スポイトから美容液が流れる
4		• 美容液を肌に塗る • 高級感のある洗面所を背景にする	• 手で顔に広げる • カメラはゆっくりZoom in
5		美容液を塗った感触を確かめる	• 笑顔で顔を触る • カメラはサイドからのカット
6		• 美しい肌で笑う女性 ＊日常の演出 ＊屋外 • 肌と表情をアップに見せる	手持ちカメラのように動きをつける
7		高級感を出す商品のイメージカット	商品にゆっくりZoom in
8		ブランドコンセプトに合わせて美容液をもった女性のカット	画面外から顔の横に商品を出す

Chapter 5 ▶ AIでCM動画を作ろう

▶ 動画構成で使えるフレームワーク

▶ 起承転結

起承転結は、物語や説明に自然な流れを与える日本の伝統的な構成法です。

起承転結のイメージ

	説明	イメージ	具体例
起	導入部分で視聴者の興味を引く		「パーフェクト洗剤！誕生！」
承	問題や情報を提示する		「頑固なカレーのシミ、困っちゃう」
転	驚きや展開を見せて興味を高める		「パーフェクト洗剤なら一度洗いでスッキリ綺麗に！」
結	結論や次の行動を促す		「パーフェクト洗剤！今だけ増量中！」

起承転結の手法は、ストーリーを魅力的に展開し、視聴者が最後まで関心を持続させる効果的な構成法です。この構成を活用することで、視聴者の感情に訴えかけ、行動へと導くことが可能になります。特に Web CM においては、この手法を取り入れることで、視聴者に具体的な行動を促すことができるでしょう。

Section 03　Chapter 5　AIでCM動画を作ろう

Step.2　素材の作成（生成）

構成が決まったら、必要な素材を生成AIを活用して作成していきます。

▶ 素材の作成手順

まずは、素材の作成フローとその概要を説明します。

▶ ①画像生成

画像生成AIを使用して、画像生成を行います。構成に合わせて8カットの画像を生成します。

本書の例で使用したツール：Midjourney

Midjourneyなどの画像生成AIを利用して素材画像を生成

▶ ②画像補正と修正

生成した画像を補正してクオリティーを高めていきます。また、画像のクオリティーを高めるほかに、画像の一部を変更するなどを行いながら動きのある画像を作成していきます。

本書の例で使用したツール：Adobe Firefly

Adobe Fireflyなどを使って画像を補正・修正

▶ ③音楽生成

CM制作に必要なBGMの生成を行います。コンセプトに合わせた形で、オリジナルの楽曲生成を行い、動画の完成度を高めていきます。

本書で使用したツール：Suno AI

Suno AI（https://suno.com）

▶ ①画像生成

ここからは、各手順の詳細を説明していきます。
まずはMidjourneyで画像生成を行います。最初に、メインのビジュアルとなるキャラクターと商品画像を決めていきます。

今回は、こちらの女性と商品を起用しました。

メインビジュアルとなるキャラクター

140　Part 2　応用編　▶　本格的な動画を作成する

プロンプト

Woman holding a lotion bottle with rainbow lens flare, woman has blonde hair and blue eyes, silver glitter background, studio lighting.
＊日本語訳：虹のレンズフレア、ローションボトルを持つ女性、女性はブロンドの髪と青い目、銀色のキラキラした背景、スタジオの照明

生成結果。採用したのは左下の画像

次に商品の画像生成です。女性が持っている商品を言語化してイメージを生成します。

生成した商品画像

プロンプト

The lotion bottle has a silver lid, with a silver glitter pattern.silver glitter background, studio, gold light.

＊日本語訳：シルバーの蓋とシルバーのグリッターパターンが付いたローションボトル。銀色のグリッター背景、スタジオ、ゴールドライト

生成結果。採用したのは左下の画像

同じような商品が出るように、「シルバーの蓋とシルバーのグリッターパターンが付いたローションボトル」というキーワードを残し、女性に持ってもらうように指示を加えます。

商品を持つシーンの画像

> **プロンプト**
>
> Cosmetic lotions are placed on the sink, with a silver surrogate stone and a golden mirror. The lotion bottle has a silver lid, with a silver glitter pattern. A woman's hand trying to hold a bottle.
> ＊日本語訳：洗面台には化粧水が置かれ、銀の代用石と金の鏡が置かれています。ローションボトルには、シルバーの蓋とシルバーのグリッターパターンが付いています。ボトルを持とうとしている女性の手

生成結果。採用したのは左下の画像

次に、使用感を表す画像を生成します。

スポイトから美容液が流れる画像

プロンプト

Serum poured from eye dropper, clear liquid flows onto palm, In the background is a luxurious bathroom. Live-action like a commercial.
＊日本語訳：スポイトから注がれる美容液、手のひらに透明な液体が流れ、背景には豪華なバスルーム。コマーシャルのような実写。

POINT
難しい構図だと、なかなか使える画像が生成されないこともあります。そういう時は、画像参照機能を活用すると便利です。近いイメージの画像をアップロードして参照させることで、より構図や雰囲気の意図を伝えやすくなります。
ただし留意点として、アップロードした画像が将来的にAIモデルの学習等に利用される可能性は否定できません。Midjouneyの利用規約をよく確認し、権利的にも問題ない画像を使用するようにしましょう。

メインキャラクターのキャラクターリファレンスを使用して、美容液の使用イメージを作っていきます。ポイントは背景を揃えるように指示を出すことです。

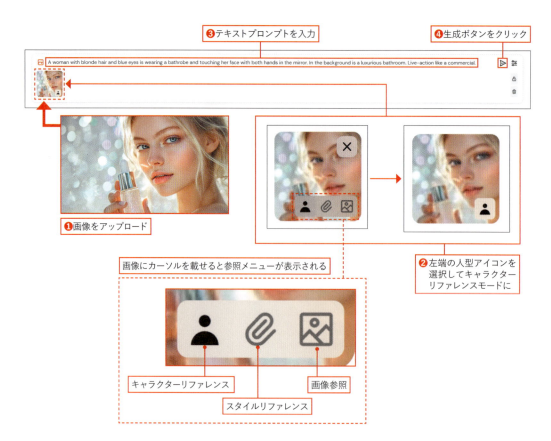

キャラクターリファレンスの操作手順。なお、ここで参照機能の中央のアイコンを選択すると画像のスタイル、右端のアイコンを選択すると画像全体を参照します。

> **プロンプト**
>
> A woman with blonde hair and blue eyes is wearing a bathrobe and touching her face with both hands in the mirror. In the background is a luxurious bathroom. Live-action like a commercial.
> ＊日本語訳：ブロンドの髪と青い目の女性がバスローブを着て、鏡に向かい、両手で自分の顔を触っています。奥に見えるのは豪華なバスルーム。コマーシャルのような実写。

生成結果。採用したのは左下の画像

構図を変えるために、先ほど生成した画像を使って別角度のイメージも生成します。

別角度のイメージ

> **プロンプト**
>
> Side angle close-up of a woman with blonde hair in a ponytail and blue eyes, touching her face with both hands. In the background is a luxurious bathroom. Live-action like a commercial.
> ＊日本語訳：ブロンドの髪をポニーテールに結び、両手で顔に触れている青い目をした女性の横からの接写。奥に見えるのは豪華なバスルーム。コマーシャルのような実写。

生成結果。採用したのは右上の画像

メインキャラクターの別カットの生成を行います。

146　Part 2　応用編　▶　本格的な動画を作成する

> **プロンプト**
>
> A portrait of a woman wearing a long white coat walking in a foreign city. Her hair is blonde and in a ponytail. Her eyes are blue. Against the backdrop of beautiful natural light, the glow of her skin stands out. The woman is touching her face and posing with a smile. A realistic live-action movie that looks just like a commercial. Full body shot.
>
> ＊日本語訳：外国の街を歩く白いロングコートを着た女性のポートレート。彼女の髪はブロンドでポニーテールです。彼女の目は青いです。美しい自然光を背景に、彼女の肌の輝きが際立っています。女性は顔に触れて笑顔でポーズをとっています。まるでCMのようなリアルな実写映画。全身ショット。

生成結果。採用したのは左下の画像

Chapter 5 ▶ AIでCM動画を作ろう 147

プロンプト

A portrait of a woman with bronze hair and blue eyes. The background is a beautiful natural light that highlights the luster of her skin as she walks in a long white coat in an overseas city. A realistic live-action movie that looks like a commercial. Full body shot.

＊日本語訳：ブロンドヘアーと青い目の女性のポートレート。背景には美しい自然光があり、海外の街中で白いロングコートを着て歩く彼女の肌の艶が際立っている。まるでCMのようなリアルな実写映画。全身ショット。

生成結果。採用したのは右下の画像

▶ ②画像補正と修正

画像のクオリティーアップのために、Midjourneyを使用して生成した画像に対して、Midjourney自体の機能で調整を行うことが可能です。さらに、Adobe Fireflyを用いた画像の編集によって、不要な部分の削除や新たな要素の追加が行えます。

修正例

修正前の画像：金色のキャップのスポイトの中に美容液が入っている状態

修正後の画像：金色のキャップが銀色になり、スポイトの中の美容液が手の上に注がれている

▶ Midjourneyでの画像補正

まずはMidjourneyで生成された画像を編集していきます。編集方法を手順を追って説明します。

1 画像の選択
生成されたバリエーションの中から、編集を行う画像を選択してください。

2 Editor画面を開く
Creation ActionsのMore「Editor」をクリックすると、Editor画面が開きます。

選択した画像が拡大表示される

Editor画面

3 「Erase」機能

❶「Erase」をクリックして、❷画像を編集したい部分を塗りつぶします。細かい部分はブラシの大きさを調節して、塗りつぶしてください。

❸右側の Edit Prompt の文章を修正して❹Submit をクリックします。今回は不要な部分を削除したいので「none」と入力しました。

❺新しく画像が4枚生成されます。今回の例では、左下の画像がうまく不要な部分が削除されています。

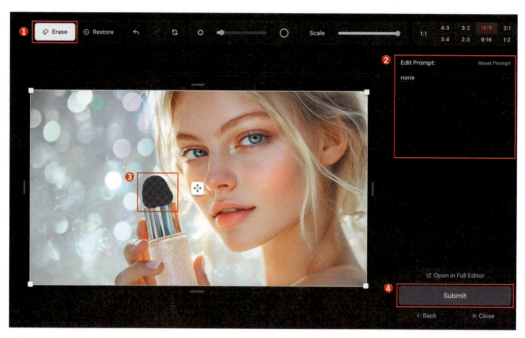

削除したい部分を「Erase」で塗りつぶす

❺新規に生成された画像

その他にも、目の下のピンク色のラメの削除やシルバーの衣装追加もEditor機能で調整しています。

目の下のピンクのラメの削除や、銀色の衣装を追加して完成

今回の元画像からの変更点
- 銀色のキャップ上の突起物を削除
- 頬のピンク色のラメを削除
- 肩の部分にシルバーの衣装を追加

POINT

手がうまくいかない…という場合
気に入った画像が生成できたけど、手の指が6本あるなど、よくあることです。でも諦めないでください。
手の形や本数が歪に生成された場合は、同じようにEditor機能で手を塗りつぶして生成し治すと綺麗な形になることがあります。Editor機能を活用することで、画像の一部補正は可能なので諦めずに調整してみてください。

Chapter 5 ▶ AIでCM動画を作ろう 151

▶ Adobe Fireflyを使用した画像修正

Adobe Fireflyでは大胆な画像修正を行うことができます。修正前の画像と修正後の画像を動画生成で使用することで、動きのある動画の生成がしやすくなります。

広めの画角で手を下ろした画像（部分的に修正して生成）　　　狭めの画角で手を頬に当てた画像

修正後の画像と修正前の画像をつなげる形で動画を生成します（修正後が左、修正前が右）

このように2枚の画像を生成して、これらを繋げるように動画生成をすると滑らかな動きをつけることができます。このプロセスを成功させるために、動画の動きをイメージして画像を修正ましょう。修正方法を手順を追って説明していきます。

1　「生成塗りつぶし」を開く
　Adobe Fireflyにアクセスし、「生成塗りつぶし」メニューパネルをクリックします。

Adobe Fireflyの「生成塗りつぶし」を使います（Adobe Firefly：https://firefly.adobe.com/）

2　画像のアップロード
　修正したい画像をアップロードします。

3 「削除」機能を使う

❶「削除」をクリックし、❷変更したい部分を塗りつぶします。今回は手を削除していきます。

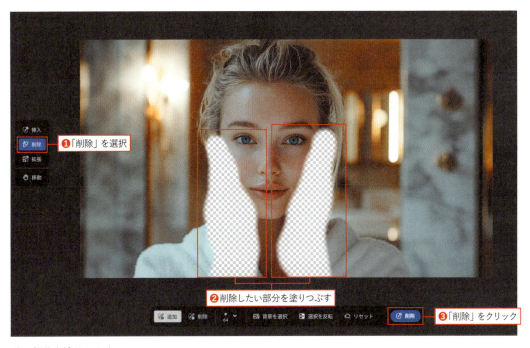

手の部分を塗りつぶす

POINT 違和感の出ない削除のコツ
今回の場合、手だけを塗ってしまうと、顔に影が残ってしまいました。影が残っていると顔に違和感が出てしまうので、なるべく広く、影が隠れるように塗りつぶしていくのがポイントです。

4

生成された3つの画像の中から気に入ったものがあれば選択して「保持」をクリックします。よい生成結果が無ければ、「さらに生成」をクリックして再生成しましょう。

5 再修正

顔に影が残ってしまった場合は、さらに塗りつぶしを行い補正を行なっていきます。

6 画像の拡張

次に、少し引いた画像にするために❶「拡張」をクリックして画像の周りを新しく生成します。❷画像の端をクリックしながら広げていきます。❸広げたい部分に追加要素を指定する場合は、プロンプト欄に入力を行います。❹「生成」ボタンをクリックすると生成されます。

「拡張」をクリックして拡張モードに

画像修正前（手を頬に当てて、顔のアップの画角）と画像修正後（手を下ろして、部屋がわかる広めの画角）。画像の回りを拡張することで画角を変更している

Chapter 5 ▶ AIでCM動画を作ろう 155

▶ 画像修正例①

そのほかのシーンの画像も修正していきましょう。
動画生成をする際にスポイト内の水が手に注がれるシーンを生成します。そのために「スポイトの中に水がある画像」と「スポイトの水が手に移った画像」を生成します。

修正前の画像：金色のキャップのスポイトの中に美容液が入っている状態

修正後の画像：金色のキャップが銀色になり、スポイトの中の美容液が手の上に注がれている

1 金のキャップを変更

今回の商品のキャップはシルバーですが、先ほど作成した画像は美容液のキャップが金色になってしまっていました。まずはこれをAdobe Fireflyの生成塗りつぶしを使ってシルバーに変更しましょう。手順は次の通りです。

❶「挿入」をクリック
❷ ブラシツールでキャップを塗り潰す
❸ プロンプトに「シルバーのキャップ」と入力
❹「生成」をクリック
❺ 気に入った画像が出れば「保持」をクリック

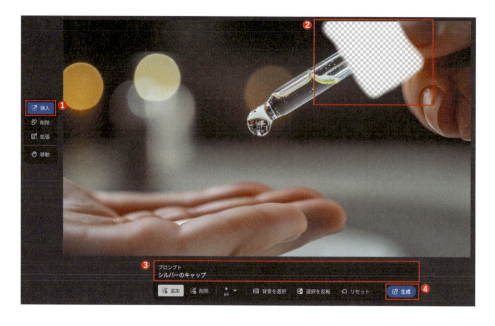

2　手の上に水を追加

次に、スポイトから手の上に美容液が移った画像を作成するため、手の上に水（美容液）を追加しましょう。手順は次の通りです。

❶「挿入」をクリック
❷ ブラシツールで水を生成したい箇所を塗り潰す
❸ プロンプトで「水」と入力
❹「生成」をクリック
❺ 気に入った画像が出れば「保持」をクリック

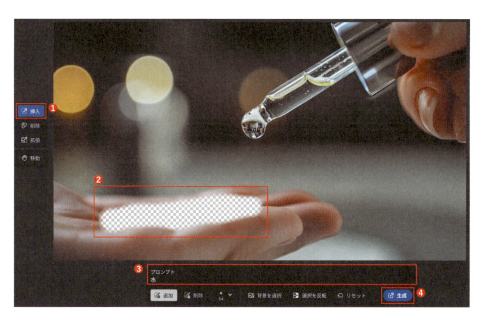

3　スポイトの水を削除

次に、スポイトの中の水（美容液）を削除しましょう。手順は次の通りです。

❶「挿入」をクリック

❷ブラシツールでスポイトの内側部分を塗り潰す
❸プロンプトはなし
❹「生成」をクリック
❺気に入った画像が出れば「保持」をクリック

▶ 画像修正例②

元画像（左）、手を削除（中央）、ボトルを削除（右）

動画生成をする際には❷→❶→❸と連続して挿入して「ボトルを手にとり、持ち上げてフレームアウトさせる」というシーンを生成していきます。そのため、「手を削除」した画像と「ボトルを削除」した画像を作成します。

1　手を削除

まずは、手を削除した画像を作成しましょう。手順は次の通りです。

❶「削除」をクリック
❷追加のブラシツールで手を塗り潰す
❸右下の「削除」をクリック
❹気に入った画像が出れば「保持」をクリック

2 ボトルを削除

次に、ボトルを削除します。手順は次の通りです。

❶「削除」をクリック
❷ ブラシツールでボトルを塗り潰す
❸ 右下の「削除」をクリック
❹ 気に入った画像が出れば「保持」をクリック

塗りつぶしのコツ

塗り潰す場所は「広め」の範囲を設定しましょう。新たに生成する場合は、塗りつぶした大きさより小さめに生成される可能性が高いです。また削除したい場合は、しっかり塗りつぶせていないと、削除されにくくなります。

Section 04　Chapter 5　AIでCM動画を作ろう

Step.3　動画生成

このSectionではStep.2で生成した画像を使って、各シーンの動画を生成していきます。

今回はRunway Gen-3 alpha TurboのImage to Videoを使用して動画生成を行なっていきます。CMに使用する8シーンを順番に解説していきます。

▶ シーン1の作成

シーン1の使用画像

動画構成の1番最初のシーンなので、カメラコントロールを使って動きをつけて視聴者の目に留まるようにしていきます。

❶ Camera Controlを選択します。
❷ 画像をアップロードします。
❸ プロンプトで「smiling」を追加します。
❹ 動かしたい方向に合わせて数値を調節します。
　（例）
　Vertical…1.5
　Zoom…3.7
　Roll…3.6
❺ 5秒を選択します。
❻ 「Generate」で生成を開始します。

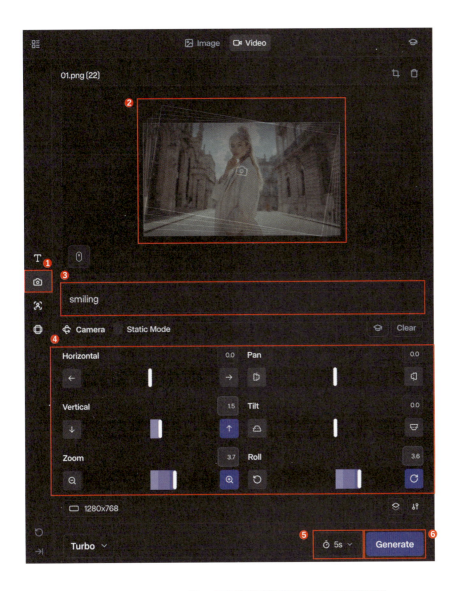

生成された動画

▶ シーン2の作成

使用画像（左から❹、❺、❻）

ボトルを手で掴み、画角外に持ち上げる動作を生成していきます。

❶ Prompt を選択します。

❷キーフレームエディターに画像を追加します。左から変化させたい順番に入力します（今回は
Ⓐ→Ⓑ→Ⓒ）。

❸プロンプトで「lift the bottle」を追加します。
❹5秒を選択します。
❺「Generate」で生成を開始します

生成された動画

持ち上げ動作
プロンプトを入力しないと、ボトルを手前下に移動させることが多かったです。失敗ではないのですが、イメージ的に持ち上げて欲しかったのでプロンプトに「lift the bottle」を追加しました

▶ シーン3の作成

使用画像（左から❹、❺）

スポイトの中の水が手のひらに注がれていく動画を生成していきます。

❶Promptを選択します。
❷一番左のキーフレームエディターに❹の画像、右側に❺の画像を追加します。

POINT **キーフレームエディターの調整**
5秒で設定した場合、一番左が0秒で右が5秒という流れになります。
注ぎ終わった画像を真ん中のキーフレームエディターに入れてしまうと、2.5秒くらいで水が注ぎ終わり、残りの秒数で別の動きが加わってしまいます。ゆっくりとした動きを加えたい場合は「左と右」、早い動きを加えたい場合は「左と真ん中」で調節してみてください。

ゆっくりとした動きを加えたい場合

早い動きを加えたい場合

❸5秒を選択
❹「Generate」で生成を開始します

生成された動画

Chapter 5 ▶ AIでCM動画を作ろう　　165

▶ **シーン4の作成**

使用画像（左から🅐、🅑）

カメラがズームアップしていき、女性が顔に美容液を塗るシーンを生成していきます。

❶ Prompt を選択します。

❷一番左のキーフレームエディターに🅐の画像と真ん中にｂの画像を追加します。

今回は動きのある動画を作りたいので、一番左と真ん中に画像を入れ、短時間で多くの動きがあるようにしました。

POINT

❸5秒を選択します。
❹「Generate」で生成を開始します。

生成された動画

▶ シーン5の作成

使用画像

顔の感触を確かめて笑顔になるシーンを生成します。

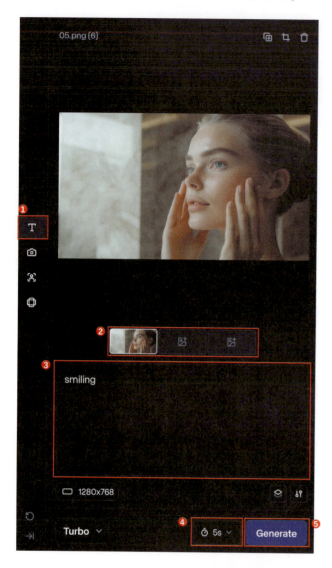

❶ Promptを選択します。
❷ 一番左のキーフレームエディターに画像を追加します。
❸ プロンプトで「smiling」を追加
❹ 5秒を選択
❺ 「Generate」で生成を開始します

生成された動画

▶ **シーン6の作成**

使用画像

女性の周りをカメラがゆっくり回転して、笑顔になるシーンを生成します。

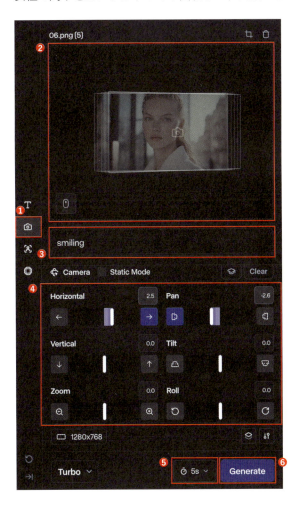

❶ Camera Control を選択します。
❷ 画像をアップロードします。
❸ プロンプトで「smiling」を追加
❹ 動かしたい方向に合わせて数値を調節します
（例）
Horizontal…2.5
Pan…-2.6

POINT **カメラの位置**
Horizontalを＋に、Panを-にすることで、画面中央に視点を残したまま、カメラの位置を右側にずらす事ができます。

❺ 5秒を選択
❻ 「Generate」で生成を開始します

生成された動画

▶ シーン7の作成

使用画像

商品にゆっくりズームインしていくシーンを生成します。

❶ Camera Controlを選択します。
❷ 画像をアップロードします。
❸ 動かしたい方向に合わせて数値を調節します
（例）
Zoom…0.9

POINT　演出
商品画像をしっかり見せたかったので、あまり動きをつけず、ゆっくりズームアップしています。

❹ 5秒を選択します。
❺ 「Generate」で生成を開始します。

生成された動画

▶ シーン8の作成

使用画像（左から Ⓐ、Ⓑ）

女性が画面外から美容液を持ち上げるシーンを生成します。

❶Promptを選択します。
❷一番左のキーフレームエディターに🅐の画像と真ん中に🅑の画像を追加します。

キーフレームの位置
今回は商品を早めに出して、しっかり見せたいので、左と真ん中に画像を入れました。

POINT

❸5秒を選択
❹「Generate」で生成を開始します

生成された動画

Part

2

応用編

本格的な動画を
作成する

Chapter

6

動画用の曲を作ろう：
Suno AI

BGMやテーマソングなど、音楽を付けることで、動画をより魅力的な作品に仕上げることができます。このChapterでは、音楽生成ＡＩ「Suno AI」でオリジナルの音楽を作成する方法を紹介します。

Section 01　Chapter 6　動画用の曲を作ろう：Suno AI

Suno AIとは？

Suno AIは、人工知能を活用してオリジナルの音楽を生成するサービスです。このセクションでは、Suno AIの特徴や活用例などを紹介します。

Suno AIは、テキストから高品質な音楽を生成することができます。ユーザーはジャンルやムード、シーンを具体的に指定することで、音楽制作の経験がなくても簡単に希望に沿った楽曲を生成できます。

Suno AI
https://suno.com/

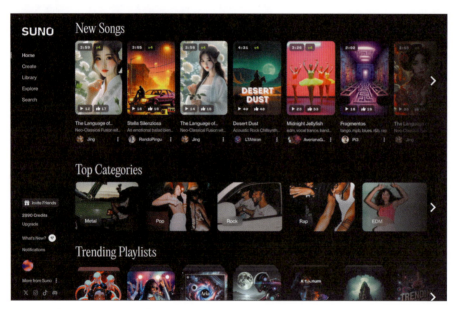

Suno AI（https://suno.com/）

▶ Suno AIの特徴

Suno AIには、次のような特徴があります。

- **音楽制作の専門的な知識が不要：**
  音楽制作ソフトの使い方や楽器の知識がなくても大丈夫です。テキストを入力するだけで、自動的に楽曲を生成してくれるので、初心者でも安心して利用できます。

- **様々なジャンルでボーカル入り音楽を生成できる：**
  ポップ、ロック、クラシックなど、幅広いジャンルの音楽に対応。日本語で自分が作った歌詞を入れることや、英語の歌詞を生成し、プロのような仕上がりのボーカルを追加することもできます。これにより、オリジナルの楽曲が簡単に制作可能です。

- **動きのある楽曲構造を作れる：**
  曲の中でのサビやブリッジなど、自然な流れや変化を再現。単調ではない、ダイナミックな楽曲を作り出すことができます。

▶ Suno AIの活用例

Suno AIは、たとえば次のような活用が可能です。

- **YouTube動画のBGM制作：**
  動画に合ったBGMや、チャンネルの雰囲気を引き立てる音楽を手軽に作ることができます。

- **企業のブランディングやマーケティング：**
  ブランドイメージを音楽で表現したい企業や、キャンペーン用のオリジナルソングを必要とする場合に最適。簡単に独自の音楽を作成し、ブランドの個性や集客力を高めるサポートをします。

- **広告用の音楽制作：**
  商品やサービスの魅力を引き立てる音楽を生成。ターゲット層に響くオリジナルソングで、広告の効果を最大化します。

- **資料やデモを魅力的に演出：**
  プレゼン資料やサービスデモ用の音楽を簡単に作成できます。これにより、視聴者の興味を引きつけ、より深いエンゲージメントを生み出す効果があります。視覚的な資料と音楽を組み合わせることで、メッセージがさらに強く伝わります。

- **アプリやゲームのBGM制作：**
  新しいアプリやゲームの世界観にマッチするBGMやテーマ曲を簡単に生成。Suno AIを使えば、プロのような音楽を短時間で作成でき、ユーザー体験を向上させることが可能です。

- **ポッドキャストのジングル制作：**
  番組の印象を強める短いジングルを簡単に作成可能。リスナーに覚えてもらえる音楽で番組の魅力をアップ。

- **個人の趣味として音楽制作：**
  Suno AIは趣味として音楽を作りたい方にもおすすめです。複雑な操作は一切不要で、テキストを入力するだけでオリジナル音楽を作れるので、気軽に音楽制作を楽しむことができます。

▶ 商用利用について

単に趣味で動画を作ってみたい、というだけでなく、制作した動画をYouTubeなどで収益化したいという方もいらっしゃるでしょう。そういった場合でもSuno AIで制作した音源を使用することは可能なのか？という点は、多くの方が気にするところかと思います。Suno AIの商用利用についても、順を追って紹介します。

▶ 商用利用とは？

商用利用とは、収益を得る目的で使用することを指します。具体的な例としては以下があります。

- **YouTube などでの収益化：**
  動画に音楽を使い、再生数に応じて収益を得る場合。

- **音楽ストリーミングサービスへの楽曲アップロード：**
  SpotifyやApple Musicなどで自分の作った音楽を公開し、再生やダウンロードで収益を得る場合。

- **楽曲のライセンス提供：**
  楽曲を広告、映画、テレビ番組、またはポッドキャストで使用するためにライセンス契約を結ぶ場合。

▶ Suno AI は商用利用が可能？

Suno AIは、無料プランと有料プランを提供しており、有料プランのみ商用利用が認められています。無料プランで生成した音楽については、収益を得る目的での使用はできないので、注意しましょう。
有料プランについては、生成した音楽を商用利用含め自由に使用することが認められています。たとえば、生成した音楽を使用した動画の収益化や、音楽ストリーミングサービスへの楽曲アップロード、広告や映画、テレビ番組などでの使用も可能です。
ただし、生成AIの性質上、同一または類似した指示に対して、同一または酷似した出力がなされる可能性もあります。そのため、複数のユーザーが似通った出力結果を得ることも考えられます。そのような背景から、生成された出力物に著作権が必ずしも付与されることは保証されていない点には留意しておきましょう。

> Suno AIの商用利用に関する詳細な条件や規約については、Suno AIの公式サイトや利用規約も十分に確認してください。

NOTE

Section 02　Chapter 6　動画用の曲を作ろう：Suno AI

Suno AIの登録方法とホーム画面

実際にSuno AIを使用する準備として、登録方法と、基本的な操作を行う「ホーム画面」に用意されている各メニューの役割を説明します。

▶ 登録方法

無料プラン、有料プランどちらの場合も、まずはSuno AIへのアカウント登録が必要です。

1　公式サイトにアクセス
Suno AIの公式サイトにアクセスし、画面右上の「Sign Up」をクリックします。

Suno AI公式サイト（https://suno.com/）。「Sign Up」をクリックしてアカウント作成に進む

2　無料アカウントの作成

アップル、Discord、Google、Microsoftのいずれかのアカウント、または携帯電話番号で登録を行います。電話番号で登録する場合は、国際フォーマットでの入力になります。「080」「090」などの最初の「0」を省略して「80」「90」として入力しましょう。

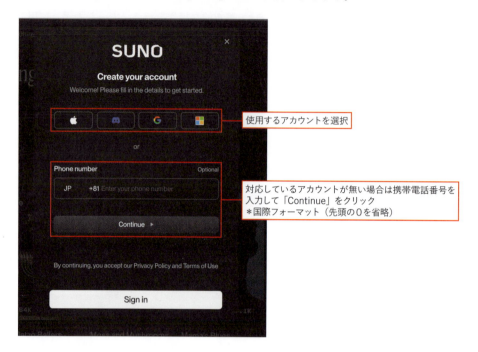

既存アカウントを使用する場合は、選択肢の中からアカウントを選択して紐づけます。電話番号で登録した場合は、「Contine」クリック後に確認コードの入力が求められます。SMSに届いているコードを入力してください。

3　無料アカウント作成の完了

以上の手続きを完了すると、自動的にSuno AIにサインイン（ログイン）した状態になります。これで無料アカウントの作成は完了です。ベーシックプランに登録され、100クレジット（2025年3月1日時点）が付与されているので確認してみてください。

MEMO　電話番号で登録した場合
サインイン後、ユーザーネームや表示名の入力、生年月日の入力なども求められます（ユーザーネーム、表示名以外は入力スキップ可能です）。適宜入力していけば、登録が完了します。

有料プランへの切り替え

有料版への切り替えは「Subscribe」へアクセスしてください。有料版には本書執筆時点では、一般向けには2つのプラン「Pro Plan」「Premier Plan」が用意されています。ご自身の目的に合わせたプランを選択してください。

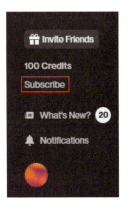

Suno AIのプラン一覧

プラン	Basic Plan	Pro Plan	Premier Plan
月額	無料	10ドル	30ドル
年額	無料	年額96ドル	年額288ドル
クレジット	50/日 (10曲)	2500/月 (500曲)	10,000/月 (2,000曲)
商用利用	-	可能	可能
モデル	v3.5	最新のモデルv4	最新のモデルv4
クレジットの追加	なし	購入可能	購入可能
同時生成	2曲	10曲	10曲

*最新情報や、そのほか学生向けのプラン等はSuno AI公式サイトをご確認ください。

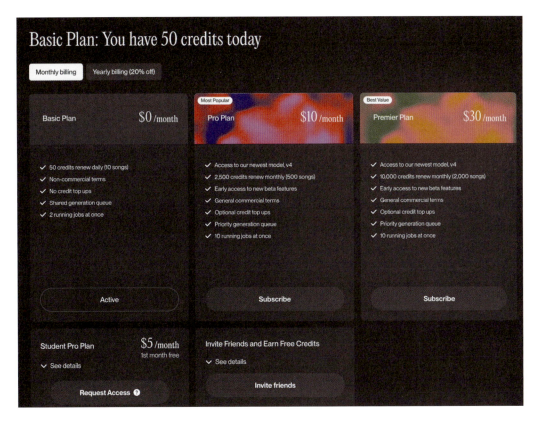

Chapter 6 ▶ 動画用の曲を作ろう：Suno AI 181

▶ ホーム画面

ホーム画面には、左側にメニュー、右側にはSuno AIユーザーが公開している生成作品が表示されています。

基本的な操作は、ホーム画面の左側の「Create」「Library」「Explore」「Search」から行います。

- Create：
  オリジナル楽曲を生成するセクション、つまりワークスペースです。詳細は次のSectionで紹介します。

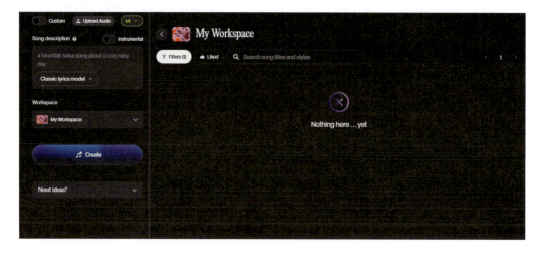

- Library：
  自分で生成した曲の一覧の確認とプレイリストの作成を行うセクションです。また、そのほかSuno AI上に公開されている気に入った作品やプレイリスト、フォローユーザーなどのリスト管理等もここで行えます。

- **Explore**：
世界中のユーザーが生成した楽曲のサンプルをジャンルやスタイルで選んで聴くことができるセクションです。どんなスタイルがあるのかや、そのスタイルでどのようなテイストの楽曲が生成されるのかなどを調べるのに便利です。

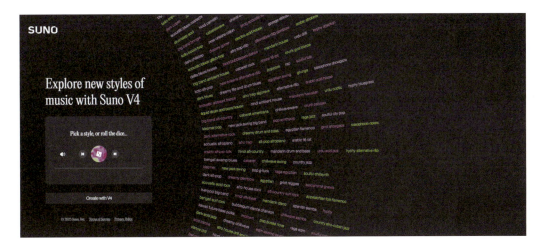

- **Search**：
Suno AI上に公開されている楽曲・プレイリスト・ユーザーの検索ができるセクションです。

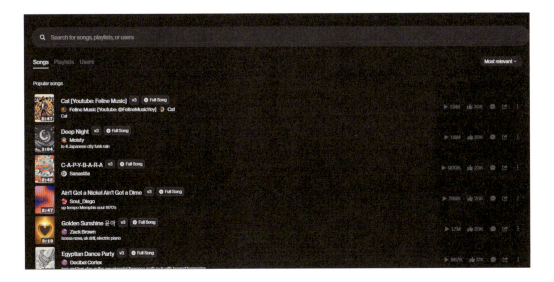

Section 03

Chapter 6　動画用の曲を作ろう：Suno AI

オリジナル楽曲を作成しよう

Suno AIを使ってオリジナル楽曲を作成してみましょう。このSectionでは、楽曲生成の基本的な操作方法を解説します。

▶ 基本の生成方法

Suno AIでは、「Create」セクションで楽曲の生成を行います。生成手順は次の通りです。

1 「Create」画面へアクセス

ホーム画面の左側にある「Create」をクリックしてください。クリックすると楽曲生成画面が表示されます。

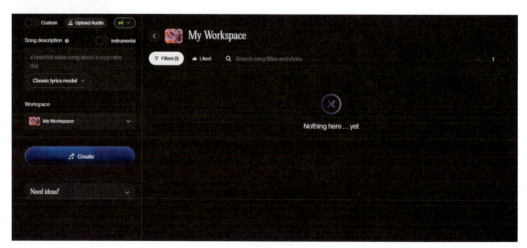

2 曲のテーマと曲調を入力

「Song description」に曲のテーマや曲調（例：Hiphop、Jazz、Rockなど）を入力し、「Create」をクリックします。これにより、指定したテーマや曲調に基づいた楽曲が自動的に生成されます。なお、歌（ボーカル）なしにしたい場合は、Instrumentalをオンにします。

今回は例として「女性ボーカル、J-pop」と入力してみました。

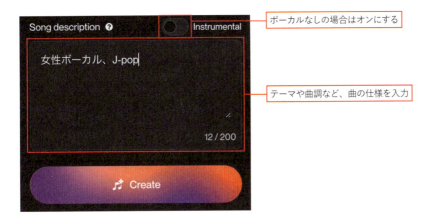

ボーカルなしの場合はオンにする

テーマや曲調など、曲の仕様を入力

3 生成された楽曲の確認

生成された楽曲は、画面右側のリストに表示されます。なお、1回で2曲が生成されます。楽曲のイメージ画像をクリックすると曲を再生できます。歌詞も自動生成され、楽曲内にボーカルも生成されます。

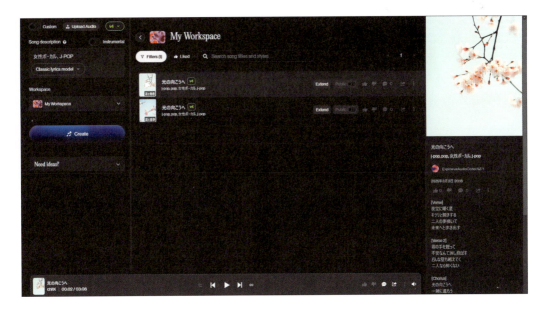

Chapter 6 ▶ 動画用の曲を作ろう：Suno AI　185

▶ イメージに近い楽曲を生成するコツ

楽曲のジャンルやボーカリストの特徴など、歌詞や構成以外の要素を自由に設定することができます。自分が思い描く楽曲のイメージを明確にし、より理想的な楽曲生成を目指しましょう。

指定可能な要素の例

要素	内容	例
ジャンル	楽曲のスタイルを定義します。	Pop, Rock, Jazz, Hiphop, Classical, EDM, Funk, Soul
ボーカルの特徴	声の質感や性別、スタイルなどを細かく設定できます。	Female Vocal, Male Vocal, Deep Voice, Smooth Voice, Emotional
曲の雰囲気・テーマ	楽曲全体のムードや雰囲気を指定します。	Romantic, Uplifting, Energetic, Relaxing, Mysterious
楽器・アレンジの特徴	使用したい楽器や特定の音色を指定できます。	Acoustic Guitar, Electric Guitar, Piano, Synthesizer, Strings

たとえば、「Song description」に次のように入力することで、自分が思い描くイメージを具体的に反映できます：

- **ポップでエネルギッシュな曲を想定：**

    入力例：Pop, Female Vocal, Energetic, Bright, Electric Guitar

- **ジャズとクラシックが融合した落ち着いた楽曲：**

    入力例：Jazz, Classical, Smooth, Piano, Strings, Male Vocal

- **未来的でクールなエレクトロ曲：**

    入力例：EDM, Futuristic, Cool, Synthesizer, Beat Drop

▶ 生成した楽曲のダウンロード

生成された楽曲は、次の手順でダウンロード可能です：

❶ ダウンロードしたい楽曲の三点マークのボタンをクリックします。
❷ 「Download」にカーソルを合わせると、「Audio（MP3）」または「Video（MP4）」の形式が選択できます。
❸ 好みの形式を選択すると、楽曲がダウンロードされます。

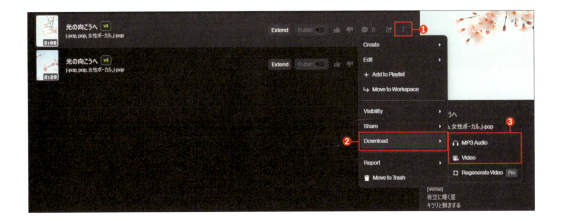

▶ 楽曲の共有

生成した楽曲は、リンクで共有することができます。共有方法は次の通りです：

❶ 共有したい楽曲の三点マークをクリックします。
❷「Share」にカーソルを合わせると、次の2つの選択肢が表示されます：
　・Copy Link（リンクをコピー）：生成されたリンクをコピーして共有。
　・Share to...（SNSまたはメールで共有）：直接SNSやメールを利用して共有。
❸ 共有方法を選択して、リンクまたはSNS等で共有します。

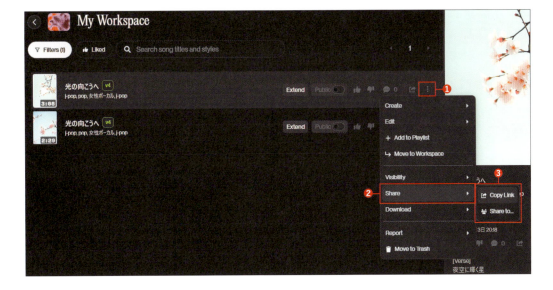

Section 04　Chapter 6　動画用の曲を作ろう：Suno AI

オリジナル歌詞を入れた楽曲を作ってみよう

動画の雰囲気やテーマにあわせたオリジナルの歌詞を使うことで、動画を引き立てるより理想的な楽曲にすることができます。このセクションでは、Suno AIでオリジナル歌詞の楽曲を作成する方法を解説します。

上部のCustomスイッチをオンにすることで、オリジナルの歌詞を楽曲に使用することができます。Customモードでは、楽曲の歌詞とともに「Aメロ」や「サビ」などのセクションを指定することもできます。この機能を活用することで、楽曲の構成を自分好みにデザイン可能です。

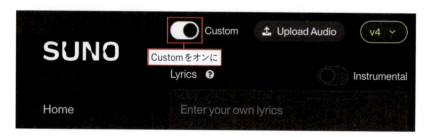

新しいモデルを使ってみよう
V2、V3、V3.5、V4の4つ（本書執筆時点）から、使用するモデルのバージョンを選択できます。最新モデルのV4に切り替えることで、アップデートされた最新仕様を利用できます。

MEMO

▶ セクションの指定

セクションを指定することで、より自分のイメージに近い楽曲を生成しやすくなります。指定可能なセクションを一覧表にまとめたので、参考にしていただけましたら幸いです。
なお、[Intro]、[Solo]、[Outro]については、指定しなくてもAIが自動で自然な形に生成してくれるため、これらについてはAIに任せてしまうこともできます。

主要セクション一覧

セクション名	意味
[Verse 1][Verse 2]…	「Aメロ」または「Bメロ」
[Pre-Chorus]	「Bメロ」または「サビ」に導くセクション
[Chorus]	「サビ」
[Bridge]	最後のサビ前に挿入されるメロディ。日本では「Cメロ」と呼ばれます
[Intro]	楽曲の導入部分（イントロダクション）
[Outro]	楽曲の終わりの部分（アウトロダクション）

歌詞の例

[Verse 1]
桜が舞う道　新しい風の匂い
小さな蕾が　未来を語りだす
君と駆け抜けた　あの青い空の下
出会いの奇跡が　僕を強くする

[Pre-Chorus]
草原を駆ける　子供のような自由
笑顔が溢れる　春の日差しの中
過去の涙さえも　今は輝いて
未来へ続く道　照らしてくれる

[Chorus]
Spring vibes are lifting me
芽吹く命の音が　響いてるから
Memories turn into light
新しい朝が　僕らを包む

[Bridge]
薄紅色の空に　願いを込めた日
We promised endless dreams
たとえ時が巡っても
心に咲くよ Spring's gleam

[Chorus]
Spring vibes are lifting me
芽吹く命の音が　響いてるから
Memories turn into light
新しい朝が　僕らを包む

POINT　歌詞はChatGPTで生成

オリジナルの歌詞を考えるのは中々にハードルが高いものです。どうすればいいかわからないという時は、ChatGPTなどの生成AIに考えてもらうのも良いのではないでしょうか。

プロンプト例

Suno AIで楽曲生成をするための歌詞を考えてください。テーマは春です。構成は[Verse 1][Pre-Chorus][Chorus][Bridge]でそれぞれ歌詞の頭に入力してください。

NOTE　日本語の歌詞について

Suno AIは日本語に対応していますが、漢字が正しく発音されない場合があります。Suno AIに歌詞を入力する際は、必要に応じて歌詞をひらがなに変換しましょう。

Chapter 6 ▶ 動画用の曲を作ろう：Suno AI

先ほどの例の歌詞を使って、オリジナル歌詞の楽曲をSuno AIで生成してみましょう。手順は次の通りです：

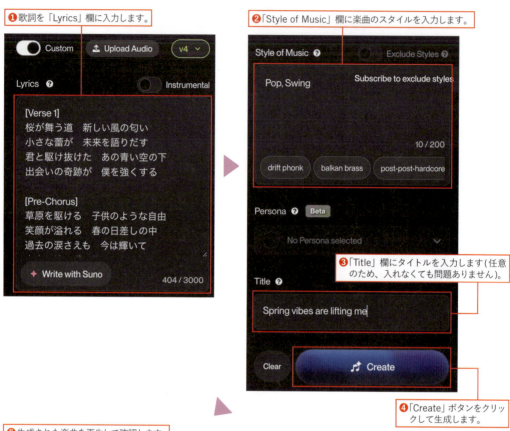

なお、「Video」形式でダウンロードした場合は、イメージと歌詞付きの楽曲動画になる

Part

2

応用編

本格的な動画を
作成する

Chapter

7

動画を仕上げよう：
Adobe Premiere Pro
で統合・編集する

各シーン、音楽といったパーツを作ったら、最後に
それらをまとめることで、1つの動画作品に仕上げ
ることができます。使用する動画編集ツールは何を
使ってもOKですが、本書ではアマチュアからプロ
まで幅広い層に使用されている「Adobe Premiere
Pro」（アドビ プレミア プロ）を使って、作成した
動画素材を統合・編集するための手順を解説します。

Section 01

Chapter 7 動画を仕上げよう：Adobe Premiere Proで統合・編集する

動画編集の基本

実際に動画編集を始める前に、動画編集ではどんなことを行うのかを把握しておきましょう。ここでは、基本となる動画編集技術と作業の流れの概要を紹介します。

▶ 動画編集の基本の技術

動画編集の基本的な作業には次のようなものがあります。これらの作業を組み合わせて、適切に編集することで、よりプロフェッショナルな動画に仕上げることができます。

❶ **カット**：
不要な部分、冗長な部分を削除し、重要なシーンをつなげたり動画のテンポを整える作業です。動画の流れをスムーズにし、内容を理解しやすくしたり、視聴者の集中力を維持しやすくする効果があります。

❷ **テロップ挿入**：
文字情報を動画に追加する作業です。テロップには、視聴者に重要な情報を強調するなど、内容の理解を助ける効果があります。また、内容にあわせて文字の大きさやフォントの種類、色などを使い分けることで、動画を盛り上げたり展開のリズム感を作り出す効果もあります。音声が聞き取りにくい場合の補助にもなります。

❸ **音の調整・挿入**：
BGMや効果音を動画に追加する作業です。BGMや効果音には、動画の雰囲気を高めて視聴者の感情に訴えかける効果や、視聴者の没入感を向上させる効果があります。

❹ **画像挿入**：
静止画を動画に組み込む作業です。ビジュアル情報を補完し、説明をわかりやすくします。また、視覚的な変化を加えることで視聴者の興味を引き、途中で飽きにくくする効果もあります。

❺カラー補正：

動画の色調を調整する作業です。映像の質感を向上させ、プロフェッショナルな仕上がりにするために重要です。大胆な色調に変化させることで、特定の雰囲気や感情を強調する演出に使うこともできます。

▶ 動画編集の流れ

実際の動画制作では、どうしても単純な流れだけでは対応できず手順が入れ替わったり途中で戻って調整したりといったことが度々起こりますが、基本的な流れとしては次のようになります。

Step1. 各シーンの動画をつなげる（または並べる）

⬇

Step2. 不要な部分のカット

⬇

Step3. 全体的なカラー補正

⬇

Step4. テロップや画像の挿入

⬇

Step5. 音入れ

⬇

Step6. 動画の書き出し（完成）

テロップや音入れを最初に行ってしまうと、その後動画の不要な部分をカットしたりすると調整が必要になったりと手戻りが多くなってしまう可能性が高いです。先にカットまでの作業を行って動画の流れなどを決めてから行うのが効率的です。

> **Section 02** | **Chapter 7** 動画を仕上げよう：Adobe Premiere Proで統合・編集する

Adobe Premiere Proによる
動画編集の基本フロー

動画編集に必要な技術と流れを把握したら、動画編集を使って動画を仕上げていきましょう。まずはこのSectionで、Adobe Premiere Proによる動画編集の基本的な流れを紹介します。

▶ Adobe Premiere Proとは？

Adobe Premiere Proは、よく使われている代表的な動画編集ツールの1つです。

カット編集、カラー補正、エフェクト追加、音声編集など、動画編集に必要な機能が豊富に揃っており、また、After EffectsやPhotoshopなどのクリエイティブツールとの連携がスムーズに行うことができるのも特徴です。本書執筆時点（2025年3月）では、映像や音声の長さを延長してくれる生成AI機能「生成延長」が備わっています。また今後もAIや生成AIを活用した機能の搭載が予定されています。

アドビ社が提供するクリエイティブツール群「Adobe Creative Cloud」の一部として提供されており、月額または年額のサブスクリプションプランに登録することで使用できます。Premiere Proの単体プランだけでなく、PhotoshopやAfter Effectsなど他のアドビ製品とセットになったコンプリートプランも提供されています。

Adobe Premiere Proの提供プラン（2025年3月1日時点）

	契約・支払い方法	通常価格（税込）	含まれるサービス
Adobe Premiere Pro 単体プラン	年単位・月々払い	3,280 円/月	• Adobe Premiere Pro • Adobe Express • Adobe Firefly • Frame.io
	年単位・一括払い	34,680 円/年	
	月単位・月々払い	4,980 円/月	
Adobe Creative Cloud コンプリートプラン	年単位・月々払い	7,780 円/月	Photoshop、Illustrator、Creative Cloud Express、Premiere Pro、Acrobat Proなど、20以上のCreative Cloudアプリを利用可能
	年単位・一括払い	86,880 円/年	
	月単位・月々払い	12,380 円/月	

＊特別価格やキャンペーン等、より正確な情報、最新情報はアドビの公式サイトをご確認ください

MEMO

Adobe Premiere Proのインストール方法

Adobe Premiere Proの入手・インストール方法を簡単に説明しておきます。詳細については、アドビの公式サイトなどをご参照ください。

1. アドビ公式サイトにアクセス：
アドビ公式サイトにアクセスし、Adobe IDでログインします。まだアカウントを持っていない場合は、新規登録を行います。

2. Creative Cloudアプリのダウンロード：
ログイン後、Creative Cloudアプリをダウンロードします。これは、アドビ製品を管理するためのアプリケーションです。

3. Creative Cloudアプリのインストール：
ダウンロードしたCreative Cloudアプリをインストールします。インストールが完了したら、アプリを起動します。

4. Premiere Proのインストール：
Creative Cloudアプリを起動し、アプリケーションタブから「Premiere Pro」を検索します。「インストール」ボタンをクリックして、インストールを開始します。

5. インストール完了：
インストールが完了すると、Creative Cloudアプリ内の「インストール済み」タブにPremiere Proが表示されます。Premiere Proを起動して、使用を開始します。

Adobe Premiere Pro起動画面

Chapter 7 ▶ 動画を仕上げよう：Adobe Premiere Proで統合・編集する　195

▶ Adobe Premiere Proによる動画編集の基本の流れ

Adobe Premiere Proは、前Sectionで紹介したカット、テロップ挿入、音源挿入、画像挿入、カラー補正などの基本的な動画編集の機能をすべて備えており、動画完成までの一通りの作業を行うことができます。

そう聞くと、やることも機能も多そうだし難しそう...と感じてしまうかもしれませんが、実はそれほど複雑な操作はなく、使い方を把握してしまえばあとは簡単です。

また、Premiere Pro上で行う基本の流れは、作業開始から完成まで、編集作業を含めて次の4つのステップだけ。難しい工程は無いので、気軽に学んでいきましょう！

Adobe Premiere Proによる動画編集の流れ

- **Step1. プロジェクトの作成**
  動画編集を始めるための最初のステップです。「プロジェクト」とは、おおざっぱに言うと「動画編集のための作業スペース」、および動画の設定など作業にかかわる一通りのことをまとめた呼称です。この作業自体は、「動画編集のための作業スペース」を新規に用意することを意味します。

- **Step2. 素材の読み込み**
  プロジェクト上に、最終的な動画を制作するための各パーツ、つまり、各シーンの動画や音楽素材をインポートする作業です。このステップでは、動画や音楽素材をまとめて扱うための準備（設定）なども行います。

- **Step3. 動画の編集**
  Adobe Premiere Proで行うメインの作業です。Step2で読み込んだ素材に「カット」「テロップ挿入」「音源挿入」「画像挿入」「カラー補正」などの編集をほどこし、プロジェクトを完成させます。このステップで、視覚的に魅力的な動画に仕上げていきます。

- **Step4. 動画の書き出し**
  Step3で完成させたプロジェクトを、1つの動画ファイルとして書き出します。

次のSectionから、順を追って各ステップを解説していきます。
＊本書ではMac OSの操作画面を掲載していますが、Windows版も基本的には操作は同じです。

Section 03　Chapter 7　動画を仕上げよう：Adobe Premiere Proで統合・編集する

Step1. プロジェクトの作成

動画編集のための最初のステップとして、新規プロジェクトの作成方法と、これ以降のステップで使用していく「プロジェクト画面」のワークスペースの役割と機能について説明します。

▶ 新規プロジェクトを作成する

先述の通り、「プロジェクト」というのは、動画の設定など作業にかかわる一通りのことをまとめた呼称であると同時に、これから動画編集をおこなっていく「作業スペース」のことでもあります。Adobe Premiere Proを起動すると、最初にホーム画面が表示されます。ここで「新規プロジェクト」をクリックすると、「新規プロジェクト」コンソールが表示されます。プロジェクトの「名前」と「保存先」を設定して「OK」をクリックすれば、新しいプロジェクト（動画編集のための作業スペース）が作成されます。

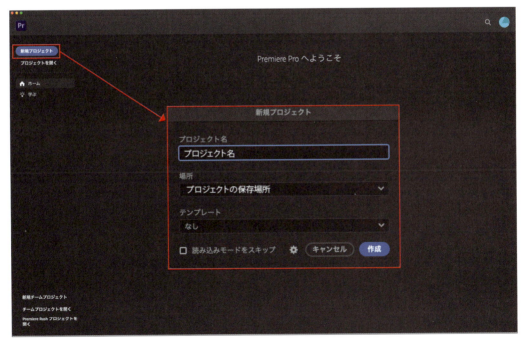

Adobe Premiere Proのホーム画面

MEMO　読み込みモードとシーケンス自動作成
プロジェクトを作成すると、素材を読み込む「読み込みモード」画面が表示されます。Section 04で、素材取り込み、新規シーケンス作成を説明していますが、読み込みモードで素材を読み込むと自動的に素材に合わせたシーケンスを作成できます。

▶ ワークスペースの役割を把握しよう

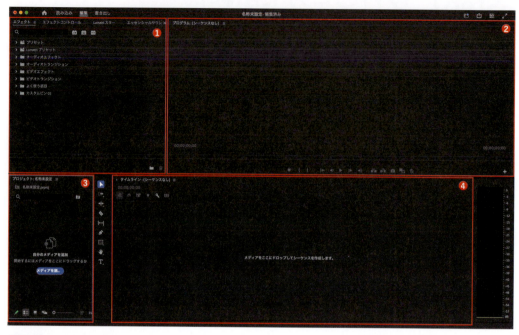

編集画面

プロジェクトを作成すると、プロジェクト作成画面が表示されるので、上部のタブから「編集」を選択し、編集画面を開きます（前ページのMEMOで紹介した「読み込みモード」を使用した場合は、素材を読み込むと編集画面に遷移します）。編集画面にはさまざまなパネルがありますが、基本的には次の4つを使いこなせばOKです。次節から、この画面の機能を使っていくので、各名称や役割を把握しておきましょう。

❶ **ソースパネル：**
素材（動画や音声など）の内容をプレビューしながら、必要に応じて簡単な編集ができます。

❷ **プログラムパネル：**
現在編集中の映像を表示するモニター画面です。テロップ入力などの作業結果もここで確認します。

❸ **プロジェクトパネル：**
動画やBGMなど、編集前の素材をまとめておく場所です。ここから使用する素材を選び、タイムラインへ配置して編集作業を行います。

❹ **タイムラインパネル：**
動画編集のメイン作業場です。シーケンス（次節「STEP2：素材の読み込み」で解説します）を作成し、ビデオとオーディオを組み合わせて編集を行います。

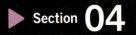

Chapter 7　動画を仕上げよう：Adobe Premiere Proで統合・編集する

Step2. 素材の読み込み

新規プロジェクトを作成したら、次は動画素材を読み込み方と、これから編集作業を進めてくために必要な「シーケンスの作成」について説明します。

編集を行うための準備を整えましょう。以下に手順を解説します。

1 動画素材ファイルの読み込み
❶画面上のメニューから**ファイル > 読み込み**を選択し、❷使いたい動画データを選択して「開く」をクリックします。

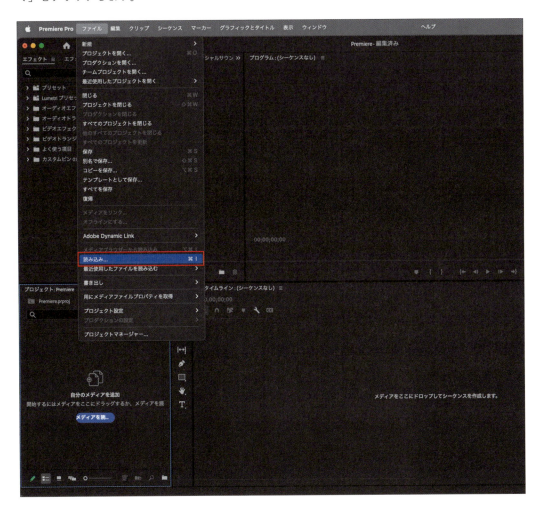

2 シーケンスの作成

「**シーケンス**」というのは、Adobe Premiere Proで動画編集を行う際の基本単位のことで、具体的には、タイムライン上で編集する一連のクリップ（動画、音声、画像など）の集まりを指します。動画や音声などの素材をまとめて編集するための作業スペースの土台のようなもので、ここでこれから作成する動画の解像度やフレームレート、オーディオなどを指定しておきます。

❶画面上のメニューから**ファイル > 新規 > シーケンス**を選択します。

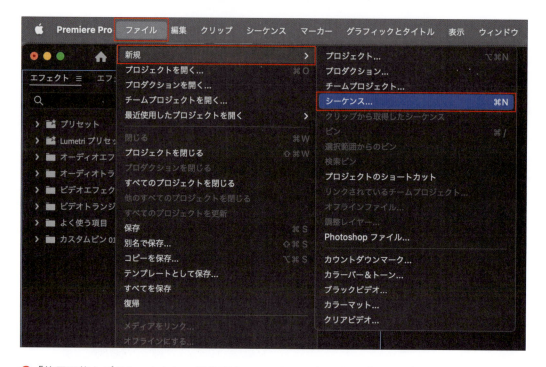

❷「使用可能なプリセット」に、解像度やフレームレート、オーディオ設定などを指定したプリセットが用意されています。今回は「**HD1080p >HD 1080p 29.97fps**を選択します（解像度1080p、フレームレート29.97fpsの設定のプリセットです）。
❸シーケンス名を入力し、作成を完了します。

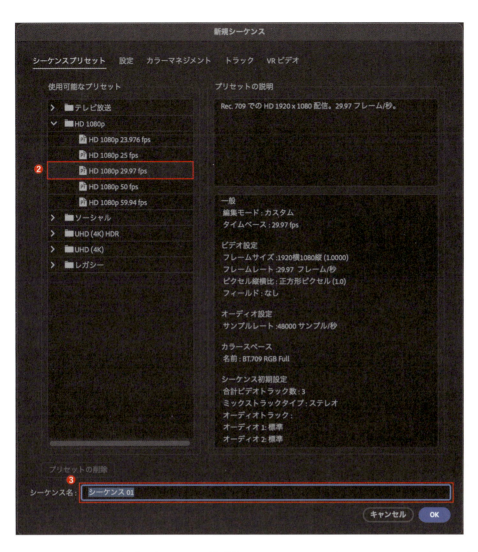

以上でシーケンスの作成は完了です。作成後、タイムラインパネルにシーケンスが表示されていることを確認してください。

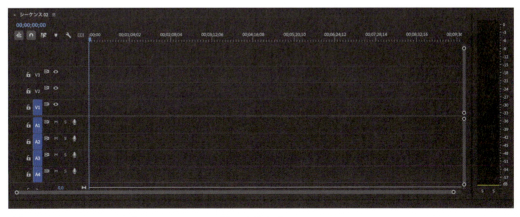

空欄だったタイムラインパネルにシーケンスが表示されます

Chapter 7 ▶ 動画を仕上げよう：Adobe Premiere Proで統合・編集する　201

3 シーケンスに動画素材を配置

シーケンスに動画素材を配置することで、配置した素材の編集ができるようになります。❶プロジェクトパネルで読み込んだ動画データを選択し、❷シーケンス（タイムラインパネル）へドラッグ＆ドロップして配置します。

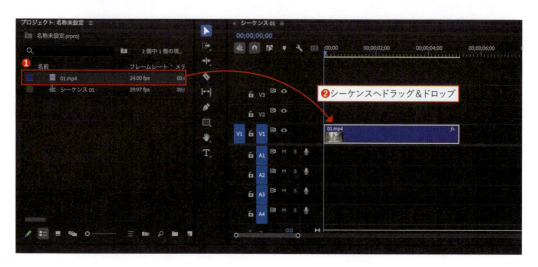

❸配置後、ツールバーの「**選択ツール**」を使って映像の位置を調整します。

NOTE　動画の先頭から映像が始まるように配置しておくと分かりやすいです。

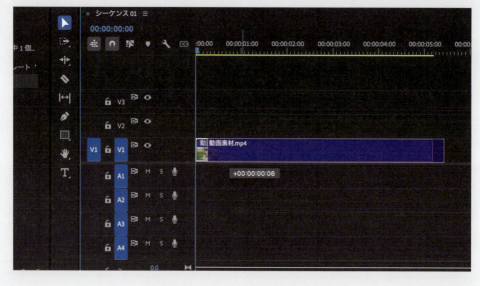

Section 05

Chapter 7　動画を仕上げよう：Adobe Premiere Proで統合・編集する

Step3. 動画を編集する

さて、ついにここから動画編集の開始です。ここでは、行う機会の多い編集作業「カット編集」「テロップの挿入」「音源の挿入」の操作方法を紹介します。

▶ 編集をはじめる前に：操作画面の把握

ここからは動画を編集する方法です。必要最低限の基本操作に絞って解説を進めていきます。まずは基本となるツールや操作パーツの名称と役割を把握しましょう。

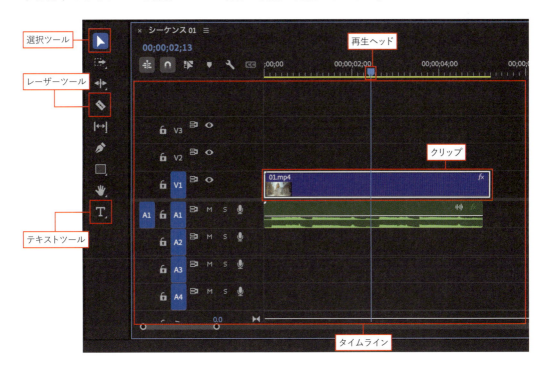

- **再生ヘッド：**
  現在の編集位置を示すポイントです。
- **選択ツール：**
  クリップなどを選択して移動させたりするときに使用するツールです。
- **レーザーツール：**
  クリップにカットを入れて分割させる際に使用するツールです。
- **テキストツール：**
  テキストを挿入する際に使用するツールです。
- **クリップ：**
  動画や画像、音声などの素材のことです。
- **タイムライン：**
  素材を並べて編集する土台です。

タイムラインの仕様
Adobe Premiere Proのタイムラインはレイヤーという階層に別れており、V1→V2→V3…と数が増えていくほど、上に重なり、表に表示されます。

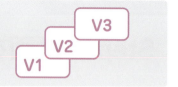

▶ カット編集

カットは、動画から視聴者にとって無駄と感じてしまうような部分を削除して、必要な部分のみを残す作業です。動画編集において最も基本的な作業で、動画のテンポを改善し、動画同士のつながりをスムーズにするなど、動画を見やすくする効果があります。カットの手順は次の通りです。

1　使用するツールの選択
タイムラインパネルのツールバーから「**レーザーツール（C）**」を選択します。

2　カット位置を決める
❶タイムライン上のカットを始めたい位置をクリックします。
❷タイムライン上のカットを終わらせたい位置をクリックします。

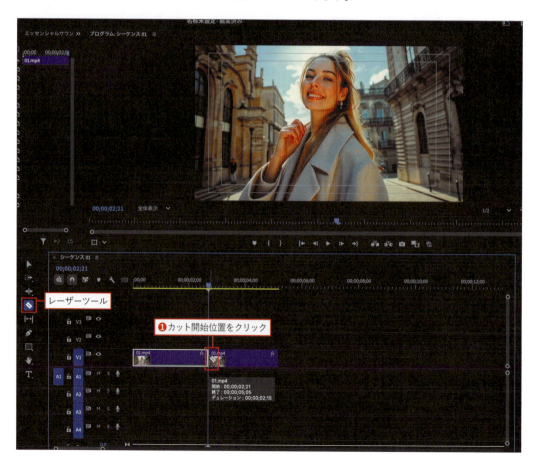

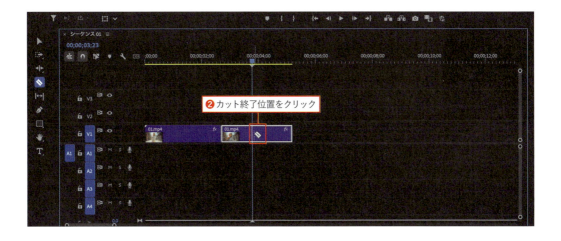

3 削除する

❶ツールバーの「**選択ツール（V）**」をクリックし、選択モードにします。
❷カットしたい部分を選択し、**Delete**キーを押して不要部分を削除します。
❸カットした部分が空白になっていることを確認します。
❹後ろの素材をドラッグし、前の素材とつなげて空白を埋めます。

▶ 動画にテロップを入れる

テロップ挿入は、動画に視覚的な情報を追加する作業です。視聴者にとって重要な情報や補足説明を提供するために、テキストを動画の特定のシーンに挿入します。動画編集においては、視聴者の理解を助け、動画の内容をより明確に伝える効果があります。テロップ挿入の手順は次の通りです。

1 ツールの選択
ツールバーで「横書き文字ツール（T）」を選択します。

2 テキストの入力
❶プログラムパネルをクリックすると、赤い枠が表示されます。
❷赤枠内に文字を入力します。

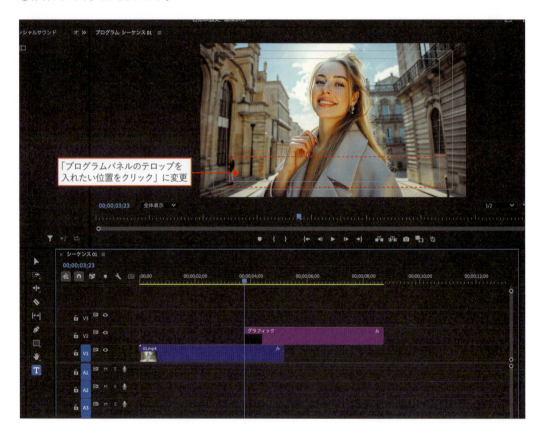

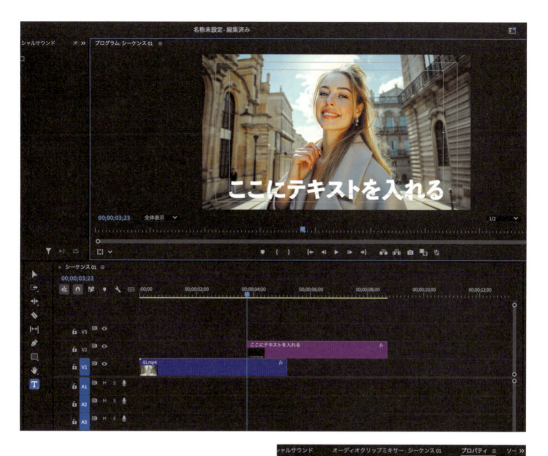

3 テキストのプロパティ設定

テキストを入力したら、テロップ（字幕）を編集するために「プロパティ」パネルを活用します。文字のフォントやサイズ、動き（モーション）などをここで調整できます。

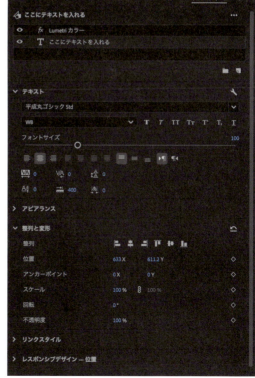

POINT　テロップのコツ

テロップを作成する際は、簡潔さを心がけ、視認性を確保することが大切です。フォントやサイズ、色を適切に選び、背景と同化しないようにコントラストをつけるなどの工夫が有効です。

Chapter 7 ▶ 動画を仕上げよう：Adobe Premiere Proで統合・編集する　207

▶ 動画にBGMや効果音を入れる

動画にBGMや効果音などの音源を追加することで、より魅力的な動画作品に仕上げることができます。BGMや効果音の挿入手順は次の通りです。

1 音源ファイルの読み込み
❶使いたいBGMや効果音などの音源を用意します。
❷用意した音源をプロジェクトパネルにドラッグ&ドロップして、パネルに読み込みます。
❸プロジェクトパネルに読み込んだBGM・効果音を、タイムラインパネルの「A（オーディオ）」部分へドラッグ&ドロップして配置します。

2 音源を動画に合わせる
映像に合わせて音源をカットし、位置を調整します。

NOTE

動画投稿サイトやSNSで公開する場合
YouTubeなどの動画投稿サイトやSNSにアップロードする場合は、自分が権利を持っている音源や著作権フリーの音源を使用しましょう。Adobe Stockから音源素材を読み込んできて使用することも可能です。Adobe Stockの音源の使用方法はアドビ公式サイトの以下のページが参考になります。

●Premiere ProでのAdobe Stockオーディオの使用
https://helpx.adobe.com/jp/premiere-pro/using/use-adobe-stock-audio-premiere-pro.html

3 音量の調節

オーディオメーターで赤色表示が出ていると、音割れの原因にもなります。音量の調整には様々な方法がありますが、オーディオクリップミキサーで各トラックの音量を簡単に調整ができます。

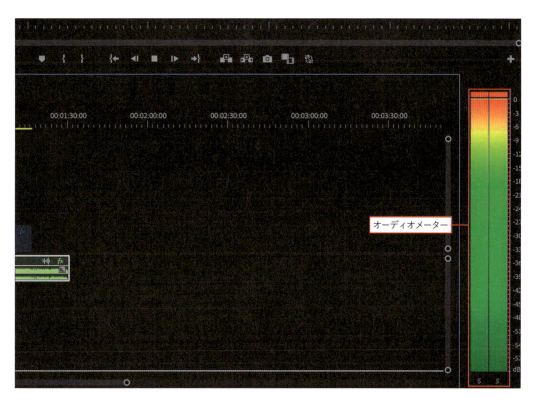

オーディオメーター

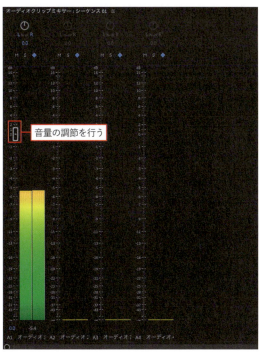

音量の調節を行う

Section 06 Chapter 7 動画を仕上げよう：Adobe Premiere Proで統合・編集する

Step4. 動画データとして書き出す

動画制作の最後のステップです。動画編集が完了したら、動画データとして書き出しましょう。ここではYouTubeにアップできる仕様の書き出しを説明します。

書き出しの作業は、編集した動画やオーディオを動画ファイルやオーディオファイルなどのファイル形式で保存する作業です。今回はYouTubeにアップできる仕様で書き出しを行います。手順は次の通りです。

1 書き出し範囲を決める

　タイムラインパネル上で、書き出したい範囲の最後に再生バーを合わせて右クリックし、**アウトをマーク(O)** を選択します。

2 書き出し形式を設定する
❶画面上部のメニューから**ファイル > 書き出し > メディア**を選択します。
❷「**書き出し設定**」でプリセットを「**高品質 1080p HD**」に、形式を「**H.264**」に設定します。

3 動画を書き出す
❸「場所」の横に表示される青文字をクリックし、ファイル名と保存先を指定します。
❹下部にある「**書き出し**」をクリックします。エンコードが終了すると、書き出し完了です。

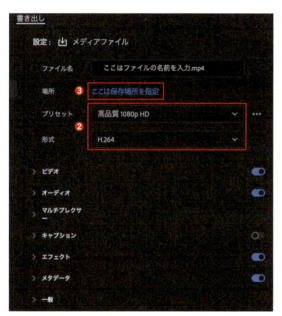

以上で動画の完成です。このように、生成AIで生成した短い動画を動画編集ツールで複数組み合わせることで、意図的な流れを持った本格的な動画を作ることができます。工夫次第でプロが作成したような動画も作れるようになるので、ぜひどんどん試してスキルアップしていってください！

Chapter5の各シーンをつなげた動画：https://youtu.be/r9tTh25dALg

MEMO

Adobe Premiere Proの生成AI機能

Adobe Premiere Proに新しく「生成延長」機能（本書執筆時点ではベータ版）が追加されました。タイムライン上でクリップをドラッグするだけで、映像や音声の長さを伸ばし、不自然なカットを減らすことができます。そのほか、Adobe Fireflyの動画生成機能で生成した動画クリップを直接タイムラインに持ってきて挿入することも可能です。

更に便利なAI機能（執筆時点では搭載予定）

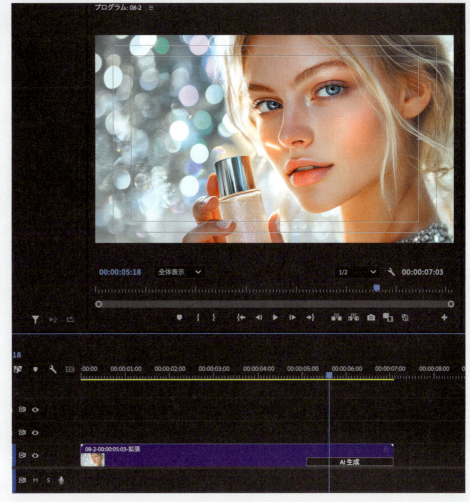

- **オブジェクトの追加：**
  テキスト入力だけで背景を変えたり、物を置き換えたりできます。都市の風景を追加したり、不要な小道具を別のオブジェクトに変換することも可能です。

- **オブジェクトの削除：**
  ブームマイクやライトスタンドなど、不要な要素を簡単に消せます。ロゴやナンバープレートを削除して、ブランディングの問題も回避できます。

COLUMN

多彩なAI機能で制作を効率化

Premiere Proには、文字起こしやカラー調整、オーディオ編集、キャプション制作、SNS向け配信などを高速化するAI機能が搭載されています。短いSNS動画から映画製作まで、AIが編集時間を短縮し、新たな創作の可能性を広げます。

1. キャプションの自動翻訳で動画をグローバル展開
Premiere Proには、キャプションを多言語に自動翻訳する機能が搭載予定です。音声から文字起こし→キャプションを自動生成し、そのまま別の言語に翻訳。複数言語のキャプションを同時表示し、見た目の調整も可能です。

2. AIでオーディオを自動分類
AIがクリップの音楽・会話・効果音・環境音を自動で識別し、分類用のバッジを付与します。バッジをクリックすれば、すぐに最適なオーディオツールへアクセスできます。

3. スピーチを強調
AIを活用することで、背景ノイズを低減し、会話の音質を向上。まるでプロのスタジオで録音したようにクリアな音声に仕上げられます。

4. 自動カラー補正
露出やコントラスト、ホワイトバランスなどをワンクリックで自動補正。基本的な調整を素早く終わらせ、よりクリエイティブなカラーグレーディングに時間をかけられます。

Part 2

応用編

本格的な動画を作成する

Chapter 8

ショートアニメ作りにチャレンジ：ストーリー作りのコツ

AIを活用した動画生成技術が急速に進歩しています。キャラクターモデルや背景、特殊効果などを簡単に生成できる一方、「動画編集でストーリーを組み立てる」のは依然として多くの人にとって難易度が高い作業です。特に動画編集初心者の場合、「何から手をつければいいのかわからない」「場面のつなぎ方がわからない」という戸惑いを感じやすいものです。

そこで、このChapterでは、AIが生成した素材をもとにストーリーを作り上げるための"迷わない方法"として、**骨格を明確にする**というポイントに注目して解説します。

Section 01

Chapter 8　ショートアニメ作りにチャレンジ：ストーリー作りのコツ

ストーリーの骨格を考える

画像生成AIや動画生成AIは、あくまでも「素材」の用意を助けてくれるツール。アニメーション動画制作の最大のキモとなるのは「ストーリーを組み立てること」です。このChapterでは、初心者でも始めやすい、ストーリーの骨格作りの基本を解説します。

動画生成AIを活用して、このようなストーリーを持ったアニメーション作品を作ることもできる

ストーリーを考える上で、まずは骨格を作ることが重要になってきます。その骨格に重要なのが、次の4つを決めるステップです。

Step1. 主人公はどんな人物か？：
ストーリーを作るうえで、まずは主人公のキャラクター設定が重要です。視聴者が「この主人公はどんな性格で、何を大事にしているのか」を理解できると、話に入り込みやすくなります。

Step2. 主人公はどんな目標や目的があるか？：
主人公はストーリーの中で何かを目指しているはずです。「何を成し遂げたいのか」「誰のためにそれをやっているのか」など、明確なゴールを決めましょう。目標がはっきりしていると、動画全体の流れを作りやすくなります。

Step3. 主人公の目的を妨げるものは何か？：
ストーリーを面白くするためには、主人公を苦しめる障害や問題が必要不可欠です。これはストーリーの山場を作る要素にもなるので、「どんなトラブルが起こるのか」をしっかり設定しましょう。

Step4. 障害を乗り越えるために何をしたか？；
物語の見せ場ともいえるのが、主人公が障害を乗り越える場面です。どんな方法で解決するのか、どんな心境の変化があるのかがわかると、視聴者の感情移入を誘いやすくなります。

以上の4つのステップで決めた内容を端的に並べるとストーリーを作ることができます。

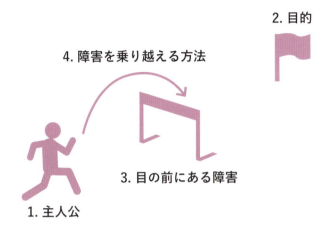

▶ ストーリーの骨格制作の具体例

▶ Step1. 主人公はどんな人物か？

→ **ロボットの料理人：**
近未来のレストランで働くロボット。手先が精巧に作られており、料理の工程によって手の装備を変え正確に提供することができる。

キャラクターの具体例

▶ Step2. 主人公はどんな目標や目的があるか？

→ 注文に合わせておいしい料理を作り続けること：
主人公には「お客さんに最高の料理を提供する」という使命感がある。そのために料理の種類に応じて手のアタッチメントを変え、完璧を目指す。

主人公のゴールは「お客さんに最高の料理を提供すること」

▶ Step3. 主人公の目的を妨げるものは何か？

→ お客さんから"おふくろの味"というオーダーが入り、味の再現ができない：
ロボットはデータ通りに調理できるものの、"おふくろの味"のように個人の思い出や感情が関わる味の再現に対しては戸惑いを覚える。レシピデータにはない"思い出のニュアンス"をどう再現すればいいのか？

障害にぶつかり戸惑う主人公

▶ Step4. 障害を乗り越えるために何をしたか？

→ 初めて「素手」でおにぎりを握り、人間の手のぬくもりを再現してみる：
これまでアタッチメントで効率重視の調理をしてきたロボットが、あえて素手でおにぎりを握ることで、失われがちな人間的な要素を料理に宿そうと試みる。結果として、温もりが伝わる"母親の味"を再現し、お客さんを感動させる。

解決策を見つける主人公

MEMO

骨格作りにも生成AIを活用

ショートアニメーションを作ってみたいけれど、そもそもどんなものを作りたいかが思い浮かばない…という場合は、ChatGPTなどの生成AIに相談して制作のヒントをもらいましょう！

【プロンプト例】テーマのアイデアを考えてもらう

ショートアニメーションを作りたいので、面白そうなテーマを考えてください。

【プロンプト例】ストーリーの骨格を作ってもらう

ストーリーの骨格として、次のことを作成してください。

#テーマ
［※ここにテーマを記載する］

#制作すること
1.主人公はどんなキャラクターか？
2.主人公はどんな目標や目的があるか？
3.主人公の目的を妨げるものは何か？
4.障害を乗り越えるために何をしたか？

このようにストーリーの骨格が明確になると、どのようなシーン、どのような素材が必要で、どの順番で、どのように配置すればよいかが見えてきます。

骨格に沿って必要なシーンや内容を整理する

ストーリーの骨格	必要なシーン	内容	欲しいシーンのイメージ
Step1 主人公の人物像	オープニング （主人公紹介）	ロボットがレストランで調理をする様子を数秒にまとめ、主人公が「ロボット料理人」であることを視聴者に示す。	
Step2 目標（提示）	料理へのこだわり	AI生成の食材映像を使って、美味しそうな料理が次々と完成するシーンを挿入する。	

Chapter 8 ▶ ショートアニメ作りにチャレンジ：ストーリー作りのコツ 219

ストーリーの骨格	必要なシーン	内容	欲しいシーンのイメージ
Step3 目の前にある障害	"おふくろの味"問題①	「おふくろの味を再現してほしい」というリクエストシーン	
	"おふくろの味"問題②	困惑するロボットの表情	
Step4 障害を乗り越える方法	素手で握るおにぎり①	ロボットが今まで使わなかった"素手"を取り出し、おにぎりを握るシーン	
	素手で握るおにぎり②	完成した料理をテーブルに並べる	
Step2 目標(達成)	エンディング(感動のクライマックス)	お客さんの表情を見て、喜ぶロボットの様子	

POINT

誰が、何をして、何をするのか?
短く限られた時間の中で人を惹きつけるにはストーリー性が重要です。魅力的なストーリーを作るには、「誰が、何をして、何をするのか?」を端的に並べて把握し、どんな動画を生成するのかを整理しましょう。

Section 02　Chapter 8　ショートアニメ作りにチャレンジ：ストーリー作りのコツ

動画制作の流れ

ストーリーの骨格・構成が決まったら、実際の動画作成作業の開始です。ここでは、制作の基本的な流れを紹介します。

ストーリーの構成ができたら、必要となる素材を作成して、動画にしていく作業の開始です。1つ1つの細かな手順は、前章までで解説してきたことと大きく変わらないので、ここでは制作の流れと、ポイントや制作のヒントとなることを紹介しています。ここまでの内容を参考にして、ぜひショートアニメーションの作成にチャレンジしてみてください！

Step.1　ストーリー構成の作成
↓
Step.2　キャラクターの作成
↓
Step.3　素材の作成
↓
Step.4　動画生成
↓
Step.5　動画編集

アニメーション動画制作の流れ

▶ Step1. ストーリー構成作り

「Section01. ストーリーの骨格を考える」で解説したようにストーリーの骨格を作り、骨格に沿って必要なシーンや素材など、ストーリーの構成要素を決めていきます。アイデアに困ったときや、必要となるものをピックアップしたり整理するためにChatGPTなどのようなチャット型の生成AIも活用しながら進めると、効率的に進めることができるのでおすすめです。

POINT

ストーリー構成作りに役立つプロンプト
- [（シーン名、例：オープニング、など）]の内容を考えてください。
- [（シーン名、例：オープニング、など）]の作成に必要なキーフレームを挙げてください。

そのほか、キャラクターのセリフ案の生成などにも活用できます。

▶ Step2. キャラクターの作成

Midjourneyなどの画像生成AIを活用することで、イラストやCGなどの制作スキルがなくてもキャラクターを作成することができます。キャラクターや背景などの一貫性を保つため、キャラクターリファレンスやスタイルリファレンスなどの機能を持ったツールを利用するのがおすすめです。

作例のショートアニメーションでは、Midjourneyを使用しています。

【プロンプト例】参考：作例のキャラクターのプロンプト

A young red-haired boy with robotic arms and a mechanical appearance, wearing an orange cap with a headlamp and an apron, working in an industrial kitchen or laboratory. The boy is holding cooking utensils while preparing an orange-colored fish. A large robotic arm is assisting nearby, surrounded by futuristic industrial equipment and a bright, clean environment. The scene combines a warm color palette with intricate mechanical and futuristic details.

＊日本語訳：赤い髪の若い少年が、ロボットの腕と機械的な外見を持ち、ヘッドランプ付きのオレンジ色の帽子とエプロンを着て、工業用キッチンまたは実験室で働いています。少年は調理器具を持ちながらオレンジ色の魚を調理しています。近くには大きなロボットアームがあり、未来的な工業設備に囲まれた明るく清潔な環境です。このシーンは、暖かい色調と精巧な機械的および未来的なディテールを組み合わせています。

画像生成AIでキャラクターを生成するには、ストーリーの骨格「Step1.主人公はどんな人物か？」で決めたことをもとにプロンプトを作成しましょう。どんなプロンプトにすればよいか困った場合は、ChatGPTなどにプロンプトの作成を依頼するのもおすすめです。

キャラクター作りに役立つプロンプト
下記を参考に、ショートアニメーションの主人公のキャラクターを画像生成AI「[ツール名]」で生成するためのプロンプトを作成してください。

#アニメーションのストーリー
[ストーリーの説明を記載]

#アニメーションのスタイル
[例えば3DCGなど、スタイルを記載]

#主人公の特徴
[主人公の特徴を記載]

▶ Step3. 素材の制作

キャラクターを作ったら、各シーンに必要な素材を用意します。

1. 各シーンで使用する画像（キーフレーム）
2. 音楽（BGM）＊BGMを付ける場合
3. ナレーション＊ナレーションを付ける場合

1. 各シーンで使用する画像（キーフレーム）
Midjourneyなどの画像生成AIを活用することで、プロンプトや参考画像などで指示した画像を作成することができます。キャラクターリファレンスやスタイルリファレンスの機能を活用し、キャラクターや背景に一貫性を持たせるようにしましょう。

画像生成AIの技術的な課題
本書制作時点では、生成画像に完全な一貫性を持たせることができる画像生成AIは出てきておらず、現時点での技術的な課題となっています。そのため、現時点では生成AIを利用した動画制作では、画像をレタッチするなどして修正したり、ある程度の不自然さには目をつぶるなどの判断も必要になります。

元画像に少し変化を加えるような場合には、Chapter2で紹介したAdobe Fireflyの一部分を補正する機能などを活用するのがおすすめです。

2. BGM
楽曲制作には、たとえば楽曲生成AI「Suno AI」などが利用できます。Suno AIの使い方は、本書のChapter6で紹介しています。

3. ナレーション

本書では扱っていませんが、Artlist（https://artlist.io/）やVOICEPEAK（https://www.ah-soft.com/voice/）といったナレーション生成AIを活用することで、ナレーションを制作することもできます。VOICEPEAKは日本語のナレーション生成も可能です。

▶ Step4. 動画生成

Step2で作成した画像を使って、動画生成AIで各シーンの動画を生成します。RunwayやLuma DreamMachine（https://lumalabs.ai/dream-machine）などに搭載されている、画像と画像を滑らかにつなげる「キーフレーム」機能（詳細はChapter3を参照）を活用するのが、より違和感の少ない動画にするコツです。

ちなみに作例ではRunwayの生成モデル「Gen-3 Alpha」（作例制作時点での最新モデル）を主に使用し、キーフレーム機能でLuma DreamMachineも利用しました。

なお、Runwayを使った動画生成の詳しい方法については「Chapter3 動画を生成しよう：Runway編」と「Chapter5 AIでCM動画を作ろう」で解説しています。

▶ Step5. 動画編集

Step4で作成した各シーンの動画をつなげて、1つの動画に組み上げます。動画編集ツールは無料のものから有料のものまで数多くあるので、自身の環境などにあわせて好きなものを使いましょう。何を使ってもかまいませんが、テロップを入れたり音源を載せたりといった機能を持ったツールを使えば、単純に各シーンの動画を統合するだけでなく、より本格的な作品に仕上げることができます。

本書では、動画編集については「Chapter7 動画を仕上げよう：Adobe Premiere Proで統合・編集する」でAdobe Premiere Proを使った方法を紹介しています。

応用編

本格的な動画を
作成する

Appendix

注目の機能と
AIサービス

最後にAppendixで、ここまでのChapter内では取り上げられなかったRunwayの画像生成機能や、様々な動画生成AI、動画生成AIの活用例を紹介します。

Appendix　注目の機能とAIサービス

Runway / Frames

Chapter3のRunwayの解説で紹介しきれなかった、2024年11月にリリースされた画像生成モデル「Frames」をここで紹介します。これまでRunwayが提供してきた動画生成機能「Gen-3」とあわせて、より幅広いビジュアル表現が可能になっています。

Runway「Frames」（https://runwayml.com/research/introducing-frames）

▶「Frames」とは

「**Frames**」は、Runwayが独自に開発した**画像生成AIモデル**です。既存のStable Diffusionや他社の技術を利用しているわけではなく、Runway独自のモデルを採用しています。特に==シネマティックな質感表現に強みがあり、映画のワンシーンのような雰囲気を手軽に作り出せる点が魅力です。==なお、本書執筆時点ではUnlimitedプラン、Enterpriseプランで提供されています。

Framesで生成した画像。このような躍動感のある画像も生成可能

▶ Freamesの主な特徴

1. Runway独自のモデル
Stable Diffusionなど外部のモデルではなく、純粋にRunwayの技術が詰まった生成エンジンです。

2. シネマティック表現への強み
- フィルムグレイン（アナログフィルムで撮影された写真や映像に見られる微細な粒状のノイズ）や被写界深度（ピントのあっている範囲）のボケなど、映画的な質感を自然に再現可能になっています。
- ライティングや陰影に関する表現も優れており、空間の奥行きが感じられる画像を生成できます。

3. プラットフォーム内での連携
- 画像生成（Frames）からワンクリックで動画生成（Gen-3）に移行可能です。
- エディットや拡張などRunwayの各種機能を一貫して利用できます。

▶ Freamesの基本的な操作方法

RunwayのTop画面の左側メニューにある「**Generate Image**」から画像生成機能を利用できます。

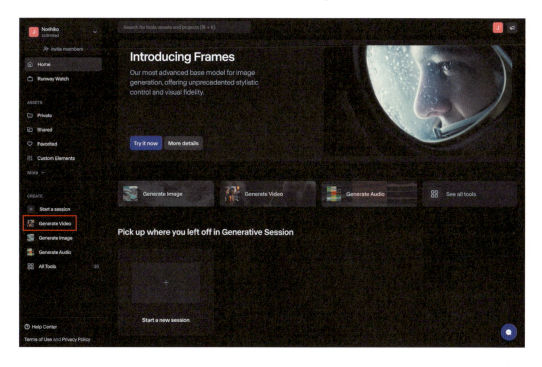

▶ 画像の生成方法

画像生成も、Runwayの動画生成と同じようにテキストプロンプトをもとに画像を生成することができます。生成手順は次の通りです。

1 プロンプトの入力

左上の入力欄にプロンプトを入力し、「Generate」をクリックすることで生成できます。たとえば、今回は「海中を泳ぐイルカ」の画像を生成してみましょう。プロンプトは英語で入力します。

> **プロンプト例**
>
> dolphin swimming underwater

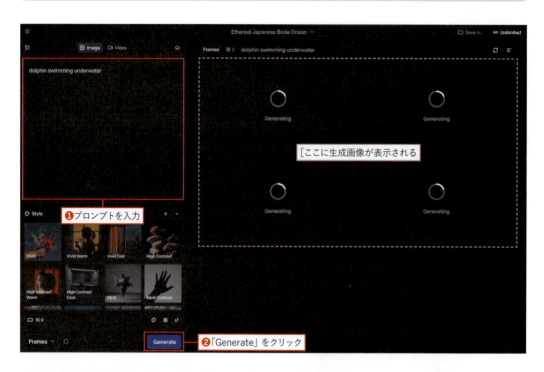

生成画像。1回の生成で4枚の画像が生成される

POINT

プロンプト作成のポイント

Runwayのガイドラインによると、次の要素を盛り込むと効果的だとされています。

- 被写体（Subject）
- シーン（Scene）
- 構図（Composition）
- 照明（Lighting）
- 色（Color）
- スタイル（Style）
- フォーカス（Focus）
- アングル（Angle）
- テキスト（Text）（必要な場合）
- ムード（Mood）

単純なプロンプトでも美しい画像生成が可能ですが、出力する画像の詳細な情報をプロンプトに追加することで、より魅力的な出力結果が得られます。

プロンプト例

A cinematic, fashion-style photograph of a young Black-haired woman wearing a deep green textured coat, standing in a narrow European cobblestone alley in the rain, holding a black umbrella. The buildings on either side are old stone and brick, creating a dramatic backdrop. The lighting is soft and diffused from an overcast sky, with subtle reflections on the wet street. The overall color palette is muted grays and browns, making the vibrant green coat stand out. The composition places the woman slightly off-center, with the alley stretching into the distance behind her, and the focus is on her figure while the background is gently blurred. Shot at eye level for a sense of intimate perspective, evoking a quietly moody yet elegant atmosphere.

＊日本語訳：雨の中、黒い傘を持って狭いヨーロッパの石畳の路地に立つ、深い緑色のテクスチャードコートを着た黒髪の若い女性のシネマティックでファッションスタイルの写真。両側の建物は古い石とレンガでできており、劇的な背景を作り出しています。照明は曇り空からの柔らかく拡散した光で、濡れた通りに微妙な反射が見られます。全体のカラーパレットは控えめな灰色と茶色で、鮮やかな緑のコートが際立っています。構図は女性をやや中心から外し、路地が彼女の後ろに伸びており、背景がぼんやりとぼかされている中で彼女の姿に焦点が当てられています。目の高さで撮影されており、親密な視点を感じさせ、静かにムーディーでありながらエレガントな雰囲気を醸し出しています。

2 生成画像の設定

生成前に、たとえば画像サイズ（アスペクト比）など、生成する画像の仕様の設定を行います。

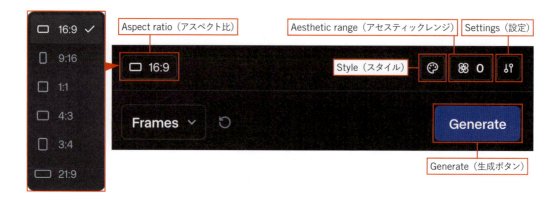

設定項目

Aspect ratio （アスペクト比）	生成される画像の縦横比を選択します。 例：1:1, 16:9 など。
Style （スタイル）	あらかじめ用意されているスタイルプリセットを適用します。 例：レトロ風、油絵風、モダンアート風 など。
Aesthetic Range （アセスティックレンジ）	生成される画像セットの「クリエイティブな変化度合い」を設定します。
Settings （設定）	シード値（乱数の種）をランダムにするか固定にするかを設定します。 デフォルトでは「ランダム」の設定になっています。

※「生成結果の再調整」で改めて解説しています。

設定が完了したら、画面右下にある **Generate** ボタンをクリックすると、画像生成が始まります。

▶ **スタイルについて**

Style（スタイル）は、「Vivid」「Painted Anime」「Nordic Minimal」など、あらかじめ用意されたスタイルを利用可能です。

Framesに用意されているスタイル（本書執筆時点）

あらかじめ用意されているもの以外にも、プロンプト内に入力することで様々なスタイルを適用することができます。反映されるスタイル例を一覧で紹介します。

反映可能なスタイルの例

スタイル例	プロンプト例	生成例
Glitch art, Glitchcore（グリッチアート，グリッチコア）	Full body shot of a man dancing in hip hop style, abstract and glitchy cinematic photo. **Glitch art, glitch core**, grain textures, datamosh, melting pixels, chromatic aberration, CRT static accents. Low-contrast, glitchy photos have a natural blend of visual anomalies.（ヒップホップスタイルで踊る男性の全身ショット、抽象的でグリッチーなシネマティックフォト。グリッチアート、グリッチコア、粒子テクスチャ、データモッシュ、溶けるピクセル、色収差、CRTの静電気アクセント。低コントラストでグリッチーな写真は、視覚的な異常が自然に融合しています）	
Dreamy（ドリーミー）	A **dreamy** photo of a child surrounded by fluffy maze walls. The walls of the maze are all made of clouds. Dreamy, soft focus, light leakage, 5% star lens flare on all light sources, fine grain, soft Gaussian blur, ethereal glow, motion blur.（ドリーミーな写真。ふわふわの迷路の壁に囲まれた子供。迷路の壁はすべて雲でできています。ドリーミーなソフトフォーカス、光漏れ、すべての光源に5％のスター・レンズフレア、細かい粒子、ソフトなガウスぼかし、幻想的な輝き、モーションブラー）	
Sharp, clean, minimalistic（シャープ、ミニマリスティック）	photorealistic. a black hand with long blue nails holding the face from the side. The person is bald but has some short hair around their face and head with dark skin, with a minimal, simple, dark blue background, 35mm. **sharp, clean, minimalistic**.（フォトリアルな画像。長い青い爪を持つ黒い手が横から顔を持っています。人物は髪が少ないですが、顔と頭の周りには短い髪があり、肌は暗い色をしています。背景はミニマルでシンプルな濃い青色、35mm。シャープでクリーン、ミニマリスティック）	
Lo-Fi（ローファイ）	A hand-drawn panel from an old Japanese anime depicting a woman reading a book inside a cafe.**Lo-fi** 1980s Japanese magazine art style, muted tones, pastel color palette, soft grain, nostalgic aesthetic, animation.（古い日本のアニメの手描きのパネルで、カフェの中で本を読んでいる女性を描いています。ローファイな1980年代の日本の雑誌アートスタイル、落ち着いた色調、パステルカラーパレット、ソフトグレイン、ノスタルジックな美学、アニメーション）	

スタイル例	プロンプト例	生成例
Anime（アニメ）	**Anime**-style illustration of a red-haired warrior man. Intense color palette. Exaggerated features. Slightly blurred background. A flat shading style common in Japanese artwork.（アニメ風のイラストで、赤毛の戦士の男性。強烈なカラーパレット。誇張された特徴。ややぼやけた背景。日本のアートワークで一般的なフラットな陰影のスタイル）	
Collage（コラージュ）	Brightly colored flowers and swallowtail butterflies. A human figure made entirely of bright orange paint stands in the center of the frame. Hand-drawn pink doodles highlight the silhouette. Mixed media accents made of duct tape, **collage** style magazine cutouts with torn paper edges.（鮮やかな色の花とアゲハチョウ。明るいオレンジ色のペンキで描かれた人間の姿がフレームの中央に立っています。手描きのピンクの落書きがシルエットを強調しています。ダクトテープで作られたミクストメディアのアクセント、コラージュスタイルの雑誌の切り抜き、破れた紙の縁）	
Pixel art（ピクセルアート）	**Pixel art** of two people swimming in the sea on a tropical island. Pixelated scenes reminiscent of nostalgic video games.（南国の海で2人が泳いでいるピクセルアート。ピクセル化された、古いビデオゲームを彷彿とさせるシーン）	
illustration（イラストレーション）	Fairy tale **illustration** of a squirrel taking shelter from the rain with mushrooms, thick lines, clean bold shapes, hand-drawn quality, precise inky lines（キノコで雨宿りするリストおとぎ話のイラスト、太い線、くっきりした太い輪郭、手描きの品質、インクで書かれた正確な線）	
Product photography（プロダクト写真）	Modern **product photo** of a perfume in a unique bottle. Minimalist, clean. Vitamin color palette. Arranged with citrus elements. Bright lighting highlights the perfume bottle.（独特なボトルに入った香水のモダンなプロダクト写真。ミニマリスト、クリーン、ビタミンカラーの色合い。シトラスの要素を配置。明るい照明が香水のボトルを際立たせている）	

Appendix ▶ 注目の機能とAIサービス

スタイル例	プロンプト例	生成例
natural motion blur（自然なモーションブラー）	dancer in a calm field of river. water splash, **natural motion blur** emphasizes the subject's movement against the still environment. Subject appears partially obscured, creating a mysterious narrative. background in focus （穏やかな川原にいるダンサー。水しぶき、自然なモーションブラーにより、静止した環境に対する被写体の動きが強調される。被写体の一部が隠れており、謎めいた物語を作り出している。背景にフォーカスしている）	
static hologram in the shape of [subject], crt static, soft natural glow（[被写体]の形をした静的ホログラム、ブラウン管の砂嵐、柔らかく自然な光沢）	cinematic, ethereal mysterious. professional action shot of cat made entirely of glowing and glitching **CRT static**. dynamic and expressive dance pose caught mid-motion. moody and dark cinematic scene captured on portra film. night time. a surreal action scene in a vast field. （シネマティック、神秘的で幻想的。全体的に光りグリッチしているブラウン管の砂嵐による猫のプロフェッショナルなアクションショット。動的で表現力豊かなダンスの動きの途中で捉えたポーズ。ムーディーでダークな映画風のシーンがポートラフィルムで撮影されています。夜の時間。広大な野原での超現実的なアクションシーン。）	
neon sign that spells [word]（[単語]と書かれたネオンサイン）	1950s **neon sign that spells momotaro** with a large arrow and peach （「ももたろう」と書かれた1950年代のネオンサインで、大きな矢印と桃が付いています）	

▶ Aesthetic Range

Aesthetic Rangeは、生成する画像のバリエーションにどの程度の変化をつけるかを調整するための設定項目です。プロンプトを変えずにクリエイティブなバリエーションを探求したいときに役立ちます。

0〜5の範囲の値を設定できます。0に近いほど入力したプロンプト通りの画像が生成され、バリエーションの差異は小さくなります。5に近いほど、プロンプトから派生したより大胆で多様なビジュアル表現が得られます。

Aesthetic Range の値による生成画像の違いの例

Aesthetic range value	生成画像のバリエーション
プロンプト：dog（全て共有） 0	
3	
5	

▶ 生成画像に対する操作（Use / Vary）

生成された画像にカーソルを合わせると、「Use」や「Vary」といったオプションが表示されます。

Use	選択した画像を「Generative Video」ツールに読み込みます。デフォルトで「Text/Image to Video」機能が使われます。
Vary	選択した画像のスタイルを元に、すぐに新しい画像セットを生成します。

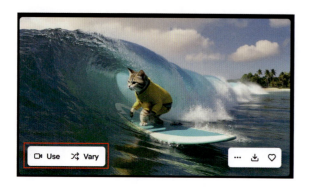

動画化へのステップ
画像を動画化してみたい場合は「Use」をクリックし、Gen-3 AlphaモデルなどのGenerative Videoツールを使って映像に変換できます。

MEMO

▶ 生成結果の再調整

画像が生成された後、さらなる改良やバリエーションを求める場合は、次の３つの方法があります。

1. テキストプロンプトの変更：
　新たにテキスト指示を調整し、再度生成することで、より大きな変化や、より好みに近い要素を強化できます。

2. Vary オプションの利用：
　1枚の結果からスタイルを派生させ、より細かなバリエーションをすぐに得られます。

3. 固定シード（Fixed seeds）の使用：
　わずかなプロンプト変更だけで、同じシード値を使ってフルセットを再生成することで、比較検証を容易にします。

▶ シード値を使って改良する

生成結果を再調整する方法として、３つ目に挙げた「固定シード（Fixed seeds）の使用」について紹介します。
画像の生成方法の手順の中でも少し触れましたが、Settings内には「シード値」の設定があります。シード値というのは、似た画像の生成されやすさを決める値のことです。Runwayでは「固定シード」と「ランダムシード」の２種類が用意されています。

ランダムシード （Randomized seeds）	同じプロンプトでも毎回違う画像が生成されます。「Frames」機能では、様々なバリエーションが生成されるように、デフォルトでは「ランダムシード」を使用する設定になっています。
固定シード （Fixed seeds）	シード値を固定し、同じまたは似た結果を得やすくします。既に完成に近い画像セットがあり、それを微調整したいときなどに役立ちます。 また、比較や修正がしやすいという利点があります。

Framesではデフォルトで==「ランダムシード」の設定になっており、シード値は**画像セットごとにランダムに割り当てられます。**==つまり、

- 一度の生成（4枚の画像セット）では4枚すべてが同じシードを共有する
- 次回以降の新しい生成ではシードが変わる

ということです。逆に、シード値を固定すると、再生成で新しいシードではなく前回の生成時と同じシードを使用することになります。
シードを固定したい場合の設定手順は次の通りです。

1 再生成したい画像をクリック
　生成済みの画像セットの中から、再生成したい画像をクリックして詳細画面を開きます。

Appendix ▶ 注目の機能とAIサービス　**237**

2 Seed（シード）をコピー

表示されたシードの左側にある「Copy（コピー）」ボタンをクリックします。

3 Reuse prompt（プロンプトの再利用）をクリック

「Reuse prompt」を選択すると、前回使用したプロンプト設定が読み込まれます。

4 Settings（設定）アイコンをクリックしてシードの設定を開く

シードの設定を開き、シード値の入力欄に先ほどコピーしたシードを貼り付けてロックします。

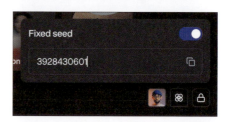

5 設定メニューを閉じ、必要に応じてプロンプトを変更する

変更または追加したい要素がある場合は、プロンプトを修正しましょう。

この例では服の色をピンクに変更

左：元の画像セット、→右：seedを固定して、プロンプトの服装を変更し再生成した画像

▶ 生成プロセスの表示とエラー対応

生成された画像は、キャンバス右側にスクロール表示されます。なお、もし生成エラーが出た場合は、入力したプロンプトがコンテンツポリシーに反していないか確認してください。

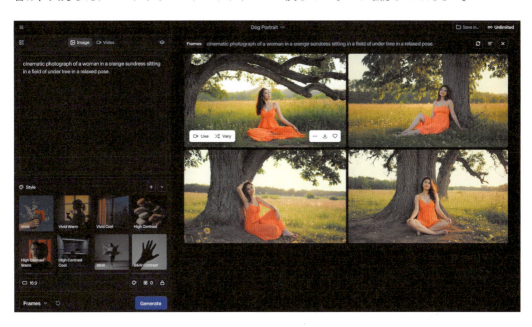

このようなエラーが出た場合はコンテンツポリシーに違反していないか確認しよう

ポリシー違反について
ポリシーに違反していると思われるコンテンツは、生成が制限されます。エラーが出る場合は確認してみてください。ポリシー違反を繰り返し行った場合（フラグが立った入力を再度送信する試みなども含む）、アカウントが停止される場合があります。

Runwayのポリシー
Runwayでは、以下を含むコンテンツの生成を禁止しています。

子どもの安全
1. 子どもの性的虐待や、子どもを性的に扱うコンテンツの描写・助長・推奨
2. 未成年者になりすます目的で生成されたコンテンツや、未成年者への性的接触を図るコンテンツ
3. 子どもの虐待や、有害・危険行為への参加を描写するコンテンツ

暴力および流血表現
1. テロや暴力的過激主義を描写・助長・推奨するコンテンツ
2. 過度な暴力表現、または暴力を扇動するコンテンツ
3. 過激な流血表現（四肢切断、斬首、切断・損壊、臓器や骨、筋肉が露出した状態など）
4. 動物虐待の描写または推奨

性的に露骨なコンテンツおよびヌード
1. 性的に露骨なコンテンツ（性具が登場するものや特定のフェチを含むものなど）の描写
2. 成人のヌード表現
3. 非合意的な親密な画像（NCII）を作成または改変する試み

憎悪的行為、嫌がらせ、自己破壊的行為
1. 人種、民族、宗教、性別、性的指向などの保護対象属性に基づいて、人を非人間化したり、差別や暴力を助長するコンテンツ
2. 他者を嫌がらせ、いじめ、脅迫、誹謗中傷、または虐待する目的で本サービスを利用すること
3. 自傷行為、摂食障害などを描写・助長・推奨するコンテンツ

他者の権利を侵害する可能性のあるコンテンツ
1. 個人（公共の人物・私的な人物を問わず）の肖像を無断で使用すること
2. 他者のプライバシーを侵害するコンテンツ
3. 知的財産権を侵害する可能性があるコンテンツ
4. 現在活躍しているアーティストの作風を模倣してコンテンツを作成する試み

Runwayの利用規約：
https://runwayml.com/terms-of-use

Section 02　Appendix　注目の機能とAIサービス

様々な動画生成AI

本書の本編で解説したRunway、Sora、NoLangのほかにも、様々な高性能な動画生成ＡＩツールが開発・公開されています。ここでは、代表的なものをいくつか、特徴とお勧め機能とともに紹介します。

▶ KLING

KLINGは、中国の快手（Kuaishou）が開発した動画生成AIです。特徴としては、フィクション題材もリアルに破綻なく表現できることです。

▶ 特徴

- 拡散トランスフォーマーを搭載しており、フィクションや抽象的な概念を含む動画を生成できます。
- 3次元空間での動きや時間の経過を自然に表現するのが得意としています。

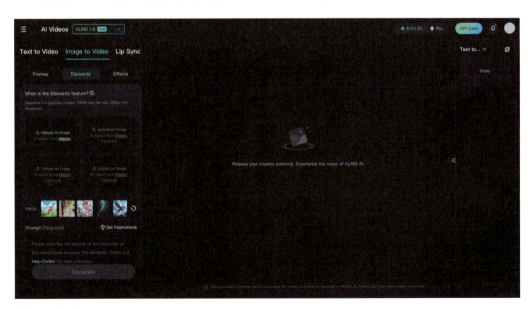

動画生成画面

text to videoによる生成結果。プロンプト：Close-up of a live-action Japanese woman, looking at the camera, her brown hair swaying in the wind（カメラを見つめる日本人女性のクローズアップ。風に揺れる茶色の髪）

KLINGの料金プラン（月間契約）

プラン	Free	Standard	Pro	Premire
月額	$0	$10	$37	S92
ウォーターマーク	あり	なし	なし	なし
クレジット	366/月	660/月	3000/月	8000/月
生成速度	遅い	普通	優先	優先

＊情報は本書執筆時点のものです。より詳細な情報や最新情報は公式サイトを確認してください。

▶ **KLINGの便利な機能「Elements」**

キャラクター、オブジェクト、衣装、環境などの画像をアップロードすると、一貫性のある動画を生成することができます。たとえば次の例は、猫のキャラクター（左上）、青いサングラス（右上）、茶色い革のジャケット（左下）、風船が飛ぶ青いステージ（右下）をアップロードした画面と、Elementsで生成した結果です。

画像をアップロード

「Elements」による生成結果

Luma DreamMachine

Dream Machineとは、2024年6月にアメリカのAIスタートアップ企業「Luma AI」がリリースした動画生成AIです。高性能な動画生成モデル「Ray2」が搭載されています。画像生成にも対応しています。

特徴

- 豊富な便利機能が搭載されています。
- 120フレーム（24fps×5秒）の動画を生成できます。

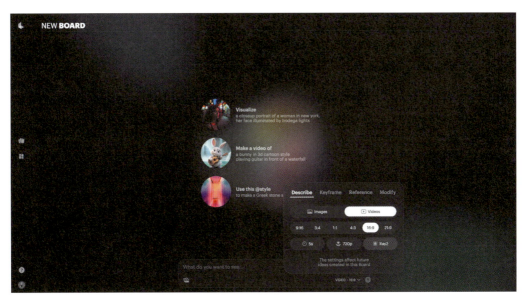

動画生成画面

Appendix ▶ 注目の機能とAIサービス 243

Text to Video/プロンプト例：Close-up of a live-action Japanese woman, looking at the camera, her brown hair swaying in the wind（ライブアクションの日本人女性のクローズアップ。彼女はカメラを見つめており、茶色の髪が風に揺れています）

Dream Machineの料金プラン（月間契約）

プラン	FREE	LITE	PLUS	UNLIMITED
月額	$0	$9.99	$29.99	$94.99
クレジット/月	-	3,200クレジット	10,000クレジット	10,000クレジット
解像度（動画）	-	1080p / 720p	1080p / 720p	1080p / 720p
解像度（画像）	720p	1080p	1080p	1080p
ウォーターマーク	あり	あり	なし	なし
商用利用	不可	不可	可	可

＊情報は本書執筆時点のものです。より詳細な情報や最新情報は公式サイトを確認してください。

▶ **DreamMachineの推し機能：「Brainstorm」**

イメージなどの生成結果に対し、新しいアイディアを提案をしてくれる機能です。

左：生成画像、中央：Brainstormによる提案、右：新しく生成した画像

▶ Pika

2023年7月ごろにリリースされた動画生成AIで、2025年1月末にPika 2.1、2025年2月にPika 2.2がリリースされています。

▶ 特徴

- 映画のようなカメラコントロール機能を備えています。
- プロンプトなしで適用できるユニークなエフェクトが用意されています。

動画生成画面

Text to Videoによる生成画像。プロンプト例：Close-up of a live-action Japanese woman, looking at the camera, her brown hair swaying in the wind（カメラを見つめる日本人女性の実写のクローズアップ、風に揺れる茶色の髪）

Appendix ▶ 注目の機能とAIサービス 245

Pikaの料金プラン（月間契約）

プラン	BASIC	STANDARD	PRO	FANCY
月額	$0	$10	$35	$95
クレジット/月	80クレジット	700クレジット	2,300クレジット	6,000クレジット
生成速度	遅い	普通	速い	最速
ウォーターマーク	あり	あり	なし	なし
商用利用	不可	不可	可	可

＊情報は本書執筆時点のものです。より詳細な情報や最新情報は公式サイトを確認してください。

▶ Pikaの推し機能：「Pikaffect」

プロンプト入力欄の下に配置された「Pikaffect」ボタンから様々な効果を適用できる。

使用エフェクトは左上：Squash it、右上：Cupid Strike、左下：Baby Me、右下：Princess Me

Section 03　Appendix　注目の機能とAIサービス

動画生成AIの活用例：多彩な映像コンテンツの新時代へ

近年、AI技術の進歩により、従来は人の手で時間と手間をかけて制作していた動画コンテンツが、よりスピーディかつ低コストで作成できるようになりました。ここでは、動画生成AIが活用される代表的な領域とそのメリット、活用のポイントをご紹介します。

▶ AI動画活用① プレゼンテーション動画制作：HeyGen × Gamma

AIアバターを使った動画を生成できる「HeyGen」と AIを活用してスライド資料を作成できる「Gamma」を組み合わせることで、スライド資料の内容をアバターが喋りながら解説するプレゼンテーション動画を作ることができます。

	HeyGen	AIを活用した動画生成サービスで、特にAIアバターやテキストからのビデオ生成機能に特化しています。
	Gamma	AIを活用して資料やプレゼンテーションのスライドを簡単に作成でき、文章構造を整理し、視覚的にも効果的な資料を短時間で作ることができます。

アバターが解説してくれるプレゼンテーション動画の例

▶ 制作手順

AIアバターを使ったプレゼンテーション資料の生成手順を簡単に説明します。

1 アバターを生成

プレゼンテーター役のアバターを生成します。HeyGen内にテンプレートのアバターは用意されていますが、日本人アバターが少ないので、自社オリジナルアバターを使用したい場合は、Midjourneyなどで生成を行います。

Midjourneyなどでアバターを作成。
合成しやすいように背景はグリーンバックに

2 資料作成

プレゼン用の資料作成は **Gamma** を使用します。テーマや目的を入力するだけで、AIが自動で資料やスライドを作成するので、作業時間の大幅短縮につながります。

Gammaで資料作成

3 プレゼンアバター生成

HeyGenにアバターを読み込み、プレゼンのトーク内容をテキストで入力します。多言語に対応しているので、グローバル市場向けに生成することもできます。

MEMO

トーク内容の外国語への翻訳
トーク内容のテキストを外国語に翻訳するのにChatGPTなどの生成AIを活用すれば、「口語調」「ビジネス調」など、プレゼンテーションのトーンにあわせて指定することもできます。

4 動画編集

HeyGenで生成したアバターと、Gammaで生成した資料を合わせて動画編集を行います。アバターの話す内容に合わせて、資料を切り替えていきましょう。

POINT

主な活用シーン
- 企業プレゼンテーション：社内外向けの説明動画や製品紹介動画。
- eラーニング：オンライン講座やトレーニング用の動画作成。
- マーケティング：広告やプロモーションビデオの制作。
- 多言語コンテンツ：グローバル市場向け動画制作。

▶ AI動画活用② AIミュージックビデオ制作：Suno × Runway

楽曲生成AI「Suno」とRunwayのリップシンク機能を組み合わせることで、歌入りの楽曲をアバターがリップシンクして歌うミュージックビデオを作ることができます。

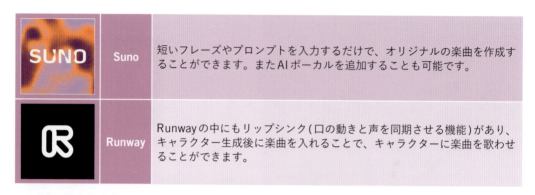

Suno × Runwayで作成したミュージックビデオ

▶ 制作手順

SunoとRunwayを活用したミュージックビデオの制作手順を簡単に説明します。

1 楽曲&コンセプト確立
ChatGPTを使用して、ミュージックビデオのアイディア出しやストーリー構成なども行います。歌詞の制作が必要な場合も同様に行います。

2 楽曲作成
歌詞やテンポ、音楽のジャンルなどを指定して楽曲生成を行います。さらに編曲したい場合はCUBASEなどのDAWソフトを使用すると楽曲クオリティーをあげることができます。

3 ビジュアル案作成

全体の色味や世界観を作成します。Midjourneyなどの画像生成を使用して、メインのストーリーに合わせた画像を生成します。

4 動画生成&リップシンク

生成した画像をもとに動画を生成します。キャラクターを使用する場合は、あまり激しい動きをつけないのがポイントです。生成した動画からリップシンク機能を使用して楽曲を読み込み生成します。長尺のミュージックビデオを作る際は、楽曲を短く分解して、生成を行いましょう。

5 動画編集

生成された動画の編集を行います。Adobe PremiereProやAdobe AfterEffectsといったツールを使用してテロップの追加やエフェクトの追加なども行うことで、よりリッチなミュージックビデオにすることができます。

▶ AI動画活用③ アバター付き解説動画：NoLang × VRoid Studio

調べたいテーマや質問を入力するだけで、数秒で解説動画が生成されるAIサービス「NoLang」と3D制作ツール「VRoid Studio」などを活用することで、オリジナルの3Dアバターを使った解説動画を作ることができます。

NoLangで作成したアバター付き解説動画の例

NoLangの料金プラン（月間契約）

プラン	月額	クレジット	生成可能回数 （目安）	使用可能な機能
Free	0円	200/月	・通常動画： 　20回程度 ・アバター付き： 　2回程度	・動画のダウンロード ・対話形式動画の生成 ・PDFプレゼンテーションの生成 ・アバター付き動画の生成 ・アバターのアップロード ・生成動画の編集 ・編集時の画像生成AI利用 ・生成動画の長さコントロール ・プロンプト機能 ・Chrome拡張機能によるWebサイト要約

プラン	月額	クレジット	生成可能回数 （目安）	使用可能な機能
Standard	2,980円	2000/月	● 通常動画： 200回程度 ● アバター付き： 20回程度 ● AI画像付き： 10回程度	● 動画のダウンロード ● 対話形式動画の生成 ● PDFプレゼンテーションの生成 ● アバター付き動画の生成 ● アバターのアップロード ● 生成動画の編集 ● 編集時の画像生成AI利用 ● 生成動画の長さコントロール ● プロンプト機能 ● Chrome拡張機能によるWebサイト要約 ● 生成から2週間以上経過した動画の視聴・ 編集・ダウンロード ● 透かしの削除 ● 縦型ショート動画の生成／編集／ダウン ロード ● 動画設定の複数保存 ● 横型動画の縦型ショート動画変換 ● アップロードしたBGM・背景動画の利用 ● クレジットの追加購入
Premium	7,980円	7000/月	● 通常動画： 700回程度 ● アバター付き： 70回程度 ● AI画像付き： 35回程度	● 動画のダウンロード ● 対話形式動画の生成 ● PDFプレゼンテーションの生成 ● アバター付き動画の生成 ● アバターのアップロード ● 生成動画の編集 ● 編集時の画像生成AI利用 ● 生成動画の長さコントロール ● プロンプト機能 ● Chrome拡張機能によるWebサイト要約 ● 生成から2週間以上経過した動画の視聴・ 編集・ダウンロード ● 透かしの削除 ● 縦型ショート動画の生成／編集／ダウン ロード ● 動画設定の複数保存 ● 横型動画の縦型ショート動画変換 ● アップロードしたBGM・背景動画の利用 ● クレジットの追加購入

＊そのほか、法人向けのBusinessプランも展開。

＊情報は本書執筆時点のものです。より詳細な情報や最新情報は公式サイトを確認してください。

▶ 制作手順

3Dアバターを使った解説動画の制作手順を簡単に説明します。

1 解説して欲しい内容を指示

NoLangは解説して欲しい内容を、AIが生成して動画にしてくれます。たとえば「NoLangについて教えて」と入力するだけで、NoLangに関する情報をまとめて30秒〜6分の解説動画を生成してくれます。そのほか、PDFやWebサイトから動画を作ることもできます。

NoLangでできること

PDFプレゼン機能	PDFをアップロードすると解説音声付きのプレゼン動画へと変換できます。
Webサイトの動画化	拡張機能を使って、閲覧中のWebサイトを要約・解説する動画を生成できます。

2 アバター追加

アバターを追加すれば「ゆっくり解説」のような対話形式の動画も生成できます。NoLang内でも数種類のアバターが選択できますが、オリジナルのアバターをVRoid StudioやStable Diffusionで作り、アップロードして使うことも可能です。

＊アバターを追加しない場合は、この手順はスキップしてください。

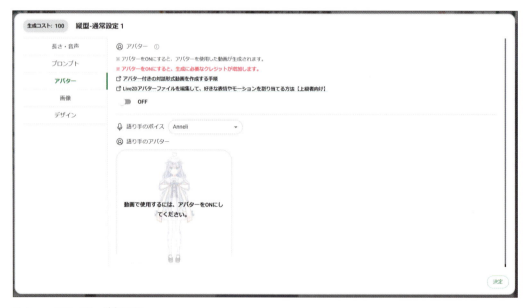

NoLangのアバター追加画面

3 動画の編集

生成された動画は、生成後に編集が可能となります。字幕、画像、背景動画、BGMに加え、読み上げボイスや速度、イントネーションなど、あらゆる要素を後から自由に調整できます。

POINT

主な活用方法
- 難しい用語を具体的な例を交えて、分かりやすく解説
- ブログ記事の動画化
- 論文や記事などの要約
- SNS用ショート動画制作

▶ おさえておきたい動画生成AI11選

本書制作時点でも動画生成AIは数多く発表されており、それぞれに強みとする点や特徴があります。おさえておきたい代表的な11の動画生成AIと各特長を、一覧で簡単に紹介します。

動画生成AI一覧（＊順序はアルファベット順）

Adobe Firefly Video Model
2025年2月、Adobe Fireflyに動画生成機能が追加された（本書執筆時点ではベータ版）。安全に商用利用可能なモデルであることが強み
https://www.adobe.com/jp/products/firefly/features/ai-video-generator.html

Hailuo
日本人やアジア系の顔の特徴を捉えることが得意
https://hailuoai.video/

KLING
3次元空間への理解力が高く、表現がリアル
https://klingai.com/

Luma Dream Machine
カメラモーション機能で事前にシミュレーション可能
https://lumalabs.ai/dream-machine

Meta Movie Gen
Metaが2024年10月に発表した音声付き動画生成（リリース時期未定）
https://ai.meta.com/research/movie-gen/

Pika
ユニークなエフェクト機能搭載
https://pika.art/

Appendix ▶ 注目の機能とAIサービス　255

PixVerse
Video to Videoのエフェクト追加やアニメーション変換
https://app.pixverse.ai/onboard

Runway
カメラコントロールやモーションブラシなど機能が充実
https://runwayml.com/

Sora
生成動画のカスタマイズが充実
https://openai.com/sora/

Veo2
2024年12月に発表されたGoogleの動画生成AI。(リリース時期未定)
https://deepmind.google/technologies/veo/veo-2/

Vidu
2次元アニメの動画生成が得意
https://www.vidu.com/

Index

数字

3D cartoon	020, 231
3Dアバター	252, 254
3Dモデル	012
3次元空間	241, 255

A

Aesthetic range	230, 234
AIアバター	247
Angle	229
Anime	233
Anime-style	233
Archival	106
Audio to Video	012

B

B&W	231
B&W Contrast	231
Baloon World	106
BGM	140, 177, 208, 223
Bird's-eye view	113
Blend	119, 122
Brainstorm	244
Bridge	189

C

Cardboard&Papercraft	106
Chat	030
Chorus	189
Clean	232
Close up	084
Close-up	242
Collage	233
Color	229
Composition	229
Create	029
Creativity	061
crt static	232
Cメロ	189

D

Daily Theme	030
Dark Anime	231
DarkMode	030
DAWソフト	250
Delete	205
Dreamscape	231
Dreamy	232
drone shoot	113
Dynamic motion	085

E

Edit	029
Elements	242
Example	021
Explore	029, 104

F

Fast motion	085
Film Noir	106
Fixed seeds	237
Focus	229
FPV	082, 083
Fractality	062
Frames	226

G

Gen-3 Alpha	013, 068, 077, 078, 081
Gen-3 Alpha Turbo	016, 068, 077, 078, 088
General Chaos	030
Generate	014
Glitch art	232
Glitch core	232

H

Hand held	083
Hand illustrated cartoon sketch style	020
HDR	062
Help	030
High angle	083
High Contrast	231
High Contrast Cool	231
High Contrast Warm	231
Horizontal	091

I

illustration	233
Image to Video	068, 076, 086, 124
In Motion	231
Intro	189

J〜L

Japanese anime style	020
Light Anime	231
Light Mode	030
Lighting	229
Line art	229
Lip Sync	074, 096
Lo-Fi	232
Loop	123
Low Angle	083, 231

M

Macro cinematography	084
minimalistic	232
Mood	229
motion blur	233
Muted Pastel	231
natural	233
neon sign	234

N

Newbies	030
Nordic Minimal	231

O

Oil painting style	020
Organize	029
Outro	189

Index

P

Painted Anime	231
Pan	034, 091
PDFプレゼン機能	254
Personalize	029, 044
Pikaffect	246
Pixel art	233
Pre-Chorus	189
Product photography	233
Prompt Craft	030

R

Randomized seeds	237
Ray2	243
Re-cut	119
Remix	120
Resemblance	062
Reuse prompt	238
Roll	091

S

Scene	229
Seed	238
Sharp	232
Sketch	231
Slow motion	231
SNS	010, 019, 123, 187
soft natural glow	234
static hologram	234
Subject	229

T

Tasks	030
Terracotta	231
Text to Video	012, 013, 079
Tilt	091
Timelapse	085
time-lapse	112
Tracking	084

U

Updates	030
Use	037, 236

V

V4	188
Vary	236
Verse	189
Vertical	091
Video to Video	012, 019
Vivid	231
Vivid Cool	231
Vivid Warm	231

W

Webサイトの動画化	254
Whimsical Stop Motion	106
wide angle	112

Y

YouTube	043, 177, 208

Z

Zoom	035, 091

あ行

アスペクト比	035, 042, 107, 127, 230
アップスケール	023, 033, 057
アニメ	043, 121, 216, 233
アニメーション	216
アバター	247, 252
油絵	020, 121
アングル	041, 229
色	229
陰影	063, 227
インストール	195
イントネーション	254
エラー	239
エンコード	211
オーディオクリップミキサー	209
オブジェクト	106, 121, 213, 242
音楽制作	176
音声生成AI	010
音量の調節	209

か行

カートゥーン調	020
解像度	022, 033, 043, 060
拡散トランスフォーマー	241
拡張	019, 029, 035, 054, 095
歌詞	177, 188
画像生成	022, 026, 038, 139,
画像生成AI	010, 012, 026, 038, 041
カット編集	194, 204
カメラコントロール	089, 160, 136, 216, 226
カメラワーク	013, 089, 112, 136
キーフレーム	087
キーフレームエディタ	087, 163, 165
起承転結	138
キャプションカード	114
キャラクターアニメーション	018
クリーン	232
クリエイティブツール	194
グリッチ	232
クリップ	200, 203
芸術的なスタイル	026, 043
構図	051, 122, 136, 229
固定シード	237
コラージュ	233
コンテンツポリシー	239

さ行

再生成	069, 119, 153, 237
再調整	237
サビ	188
シーケンス	200
シード	230, 237
シード値	230

Index

シーン	081, 101, 114, 132
自動翻訳	214
シネマティック	226
字幕	207, 254
シャープ	232
照明	039, 106, 229
商用利用	027, 046, 101, 178
所有権	027
垂直移動	091
水平移動	091
ズームイン	170
ズーム	035, 091
スタイル	019, 082
ストーリー構成	221
ストーリーの骨格	250
ストーリーボード	101, 114
静止画	010, 012, 016
生成AI	012
生成手法	012
生成塗りつぶし	051
静的ホログラム	234
セクション	073, 182
線画風	019
選択ツール	202
ソースパネル	198

た行

タイムライン	198
タイムラインパネル	198
知的財産権	027, 240
著作権	027, 046, 097, 101, 129
ツールバー	090, 202
ティルト	091
手書きスケッチ風	020
テキスト生成AI	010
テキストプロンプト	026, 012
テロップ	192, 206
動画生成AI	010, 012
動画投稿	208
ドリーミー	232
トリミング	029, 086
ドロップ	016, 051

な行

ネガティブプロンプト	041

は行

パララックス	124
パン	034, 091, 124
ピクセルアート	233
被写界深度	227
被写体	039, 041, 083, 121, 136
フィルムグレイン	227
フォーカス	229
俯瞰	113
ブラウン管の砂嵐	234
プラットフォーム	227
プリセット	106, 127, 200
フレーム	078

フレームレート	200
プレゼンテーション	247
プログラムパネル	198
プロジェクト	029, 073, 196
プロダクト写真	232
プロンプト	014, 038, 077, 081, 111
プロンプトの再利用	238
ポートレート	060
補完	010, 119, 123
ポリシー	240

ま行

ミニマリスティック	232
ミュージックビデオ	250
ムード	186, 229
モーションデータ	012
モーションブラー	232

や行

ゆっくり解説	254
読み上げボイス	254

ら行

ランダムシード	237
ループ動画	123
レーザーツール	203
ローファイ	232
ロール	091

ツール名

Adobe AfterEffects	251
Adobe Firefly	023, 046, 139
Adobe Firefly Video Model	255
Adobe Premiere Pro	192
Artlist	224
ChatGPT	031, 101, 189, 219, 221, 223
Cubase	250
Frames	226
Gamma	247
Hailuo	255
HeyGen	247
KLING	241
Krea AI	023
Luma DreamMachine	243
Magnific AI	023, 057
Meta Movie Gen	255
Midjourney	022, 026
NoLang	013, 015, 252
Pika	245, 255
PixVerse	255
Runway	012, 018, 024, 068, 255
Sora	012, 100, 255
Stable Diffusion	226
Suno AI	176
Veo2	255
Vidu	255
VOICEPEAK	224
VRoid Studio	254

カバー掲載画像　関連動画一覧

https://youtu.be/73ifpFxilus

https://youtu.be/QnGT3MGBrbA

https://youtu.be/m2Tbs_j9LtQ

https://youtu.be/kBRuQZdsByo

https://youtu.be/fNW9w_agtGo?si=s0TE_JUmBcb3qQKH

https://youtu.be/jNlrKToKcMo?si=E19aZegpGifiRocp

https://youtu.be/b0k8yCeU_Bg?si=TcuIR7S9sh1fLfe-

https://youtu.be/Kv69Z_PChs4?si=X0E96I7_a9kwVRci

https://youtu.be/r9tTh25dALg

261

著者について

Norihiko：
AI動画ディレクター・クリエイター。東京工芸大学 芸術学部 映像学科を卒業。大学卒業後は、映像制作会社で勤務。同時に個人での制作活動も始め、その後独立。現在は**AI**を活用した動画制作で企業プロモーションや研修などを担当。AIを活用した動画制作のノウハウを発信している**YouTube**チャンネル「**Norihiko AI ×動画制作**」は登録者数2万人越え。また、**AI**動画のオンラインサロン「**AI 劇場**」を主宰。

POINT

サンプルデータのご案内
サポートサイトから、Chapter1、Chapter2、Chapter3、Chapter5の学習用のサンプル画像をダウンロードしていただけます。
ダウンロードファイルはZIP形式になっていますので、解凍してご使用ください。

解凍用パスワード：7PytEYTA

▶ YouTubeチャンネル「Norihiko AI×動画制作」

2024年3月からAIを活用した動画制作ノウハウや動画制作に役立つAIツールの最新情報などを動画で発信。

▶ AI動画に特化したオンラインサロン「AIgekijo」

AI動画の新しい世界へようこそ。
ここはまるで映画館に足を踏み入れるときのように、胸が高鳴る場所。
座席に腰を下ろした瞬間から、私たちは未知の物語への期待に包まれます。

「AI劇場（AI gekijo）」では、最新のAI技術を用いた動画を"鑑賞"するだけでなく、
学びのステージで、AI動画制作のトレンドやテクニックをキャッチし、発表のスクリーンで、自分が取り組んだ作品を上映する。
そして、エンドロール後に仲間と語り合うように、作品について交流し合う。
そんな総合的な"鑑賞・学習・発表・交流"ができるのがAI劇場です。

【STAFF】
ブックデザイン　霜崎 綾子
DTP　　　　　株式会社シンクス
編集担当　　　門脇 千智

生成AIではじめる 動画制作入門

2025年4月15日　初版第1刷発行

著　者　Norihiko
発行者　角竹 輝紀
発行所　株式会社マイナビ出版
　　　　〒101-0003　東京都千代田区一ツ橋2-6-3 一ツ橋ビル2F
　　　　TEL：0480-38-6872（注文専用ダイヤル）
　　　　　　　03-3556-2731（販売）
　　　　　　　03-3556-2736（編集）
　　　　E-mail：pc-books@mynavi.jp
　　　　URL：https://book.mynavi.jp
印刷・製本　株式会社ルナテック

2025ⒸNorihiko, Printed in Japan
ISBN978-4-8399-8843-2

・定価はカバーに記載してあります。
・乱丁・落丁についてのお問い合わせは、TEL：0480-38-6872（注文専用ダイヤル）、電子メール：sas@mynavi.jpまでお願いいたします。
・本書掲載内容の無断転載を禁じます。
・本書は著作権法上の保護を受けています。本書の無断複写・複製（コピー、スキャン、デジタル化等）は、著作権法上の例外を除き、禁じられています。
・本書についてご質問等ございましたら、マイナビ出版の下記URLよりお問い合わせください。お電話でのご質問は受け付けておりません。また、本書の内容以外のご質問についてもご対応できません。
　https://book.mynavi.jp/inquiry_list/